中国科普作家协会国防科普委员会推荐图书

舰船科普丛书

国之重器

中国船舶及海洋工程设计研究院
上海市船舶与海洋工程学会
上海交通大学

主编

两栖战舰

曹才轶　段雪琼

编著

上海科学技术出版社

图书在版编目(CIP)数据

两栖战舰 / 中国船舶及海洋工程设计研究院,上海市船舶与海洋工程学会,上海交通大学主编;曹才轶,段雪琼编著. —上海:上海科学技术出版社,2019.8
(国之重器:舰船科普丛书)
ISBN 978-7-5478-4470-0

Ⅰ.①两… Ⅱ.①中… ②上… ③上… ④曹… ⑤段… Ⅲ.①战舰-青少年读物 Ⅳ.①E925.6-49

中国版本图书馆CIP数据核字 (2019) 第111235号

 舰船科普丛书

两栖战舰

中国船舶及海洋工程设计研究院
上海市船舶与海洋工程学会 **主编**
上 海 交 通 大 学

曹才轶 段雪琼 **编著**

上海世纪出版(集团)有限公司 出版、发行
上 海 科 学 技 术 出 版 社
(上海钦州南路71号 邮政编码200235 www.sstp.cn)
上海盛通时代印刷有限公司印刷
开本 787×1092 1/16 印张 12.25
字数 205千字
2019年8月第1版 2019年8月第1次印刷
ISBN 978-7-5478-4470-0 / N·174
定价:68.00元

本书如有缺页、错装或坏损等严重质量问题,请向工厂联系调换

内容提要

两栖战舰是专门用于输送登陆部队、武器装备、登陆工具和物资，实施由岸到岸或由舰到岸的舰艇，又称登陆作战舰艇，是现代海军不可或缺的尖兵利器，也是一个国家综合国力的象征。

本书从多个方面、多个角度图文并茂地向广大读者描绘两栖战舰的过去、今天和未来，生动形象地讲述两栖战舰的构造、原理、性能、用途等科普知识，充分展示中国两栖战舰艰苦的创新发展历程，与读者一起畅想未来，激励青少年朋友奋发图强，投身到两栖战舰的设计建设中，放飞青春的梦想。

国之重器——舰船科普丛书
编委会

■ **主 任**
邢文华

■ **副主任**
黄 震　卢 霖　林 鸥　盛纪纲　胡敬东
韩 华　张 毅

■ **委 员**
陈 刚　沈伟平　姜为民　李小平　黄 蔚
赵洪武　王 洁　冯学宝　王 磊　张莉芬
张达勋　张 超　景宝金　吴伟俊　倪明杰
许 刚　孟宪海　王文凯　韩 龙　余继亮

国之重器——舰船科普丛书

专家委员会

■ 主 任
曾恒一　潘镜芙

■ 副主任
韩　华　郑茂礼　郑　晖　杨德昌　田小川

■ 委 员
王佩宏	张照华	郭彦良	张关根	杨葆和
俞宝均	张文德	张福民	涂仁波	毛献群
张祥瑞	马　涛	吴正廉	徐寿钦	陈德耀
张仲根	戴自昶	张　帆	罗杏春	马炳才
刘厚恕	张太佶	张富明	李志刚	李新仲
谢　彬	王建方	李刚强	吴　刚	徐　萍
王彩莲	张海瑛	仲伟东	于再红	丁伟康

国之重器 —— 舰船科普丛书

编辑部

■ 主　编
张　毅

■ 编写人员（以姓氏笔画为序）

于再红	卫琛喻	王　庆	王　建	王　莉
王建方	韦　强	曲宁宁	任　毅	刘积骅
祁　斌	牟朝纲	牟蕾频	杨　添	李　成
李刚强	李招凤	吴贻欣	邱伟强	张宗科
张富明	林伍雄	范永鹏	尚亚杰	尚保国
罗杏春	单铁兵	赵吉庆	段雪琼	俞　赟
施　璟	洪　亮	姚　亮	贺慧琼	秦　硕
徐春阳	唐　尧	陶新华	黄小燕	曹大秋
曹才轶	曹永恒	梁东伟	韩　龙	虞民毅
魏跃峰				

总 序

　　海洋之美，浩瀚、静谧、神秘。人类生存的地球表面71%覆盖着海洋，陆地被海洋包围着，仿若不沉之"舟"。

　　中华人民共和国，既是一个拥有960万平方千米陆地疆域的陆地大国，也是一个东部和南部大陆海岸线约1.8万千米、内海和边海的水域面积约470万平方千米、海域分布有大小岛屿7 600多个的海洋大国。提高海洋资源开发能力、发展海洋经济、保护海洋生态环境、坚持维护国家海洋权益、建设海洋强国，事关国家安全和长远发展，也对实现中华民族伟大复兴的中国梦具有十分重要的战略意义。

　　工欲善其事，必先利其器。经略海洋，装备当先。只有拥有强大的海洋装备作支撑，才能形成强大的海上力量，才能保障安全可靠的海上能源和贸易通道，才能拥有海洋权益的话语权。能犁开万顷碧波的舰船，正是建设海洋强国的"国之重器"。

　　经过几代中国舰船人的努力，我们取得了骄人的成绩。第一艘航母已交接入列，第二艘航母又下水海试；新型弹道导弹核潜艇受到世界各国的关注；"滨州"号护卫舰、"昆仑山"号船坞登陆舰等在亚丁湾为过往船只保驾护航；"临沂"号护卫舰参与也门撤侨，彰显大国担当；"和平方舟"号医院船多次赴海外开展医疗服务和救灾援助；自主设计制造的20 000箱超大型集装箱船助力中欧航线的运输；"天鲲"号绞吸挖泥船向世界展示什么叫作历练终成金；"雪龙2"号科考船即将承载起极地探索的使命……

　　这一个个令人振奋的消息背后，是"国之重器"建设大军只争朝夕、锐意进取、拼搏奋斗、攻坚克难的身影。"功以才成，业由才广"，世上一切事物中人是最宝贵的，一切创新成果都是人做出来的。硬实力、软实力，归根到底要靠人才实力。科技发展史证明：谁拥有了一流创新人才、拥有了一流科学家，谁就能在科技创新中占据优势。

　　在中国建设海洋强国的道路上，"国之重器"建设大军的每一个岗位都必须后继有

人,有人传承,有人接班!

少年强则中国强。为增强青少年的海洋和国防意识,普及舰船和海洋工程科学知识,我们编撰了一部以青少年为主要对象、面向公众的科普读物"国之重器——舰船科普丛书"(简称"丛书")。丛书以舰船为主线,全面展现新中国成立近70年以来,自主研制国之重器的艰难历程及取得的辉煌成就,使广大青少年从中汲取知识、增长才干、坚定信念、强化担当。

这套丛书共20分册,涵盖海洋防卫、海洋运输、海洋科考、海洋开发等方面,包括:海上霸主——航空母舰、深海巨鲨——潜艇、海上科学城——航天测量船、探究海洋奥秘的科学考察船、造船工业皇冠上的明珠——液化气运输船、海上巨无霸——集装箱船、超大型油船、造岛神器——大型挖泥船、海上石油城——钻井平台等。

丛书由从事舰船和海洋工程科研、设计、建造的100余位专家、技术骨干和青年科技工作者执笔,并经30余位专家审阅,历时2年编写而成。

当代青少年和公众涉猎面广,超前意识和多维立体思维能力强,具有令人刮目相看的理解能力。丛书撰写者充分考虑到青少年和公众读者的阅读要求,量身定制、兼收并蓄,将舰船知识图谱化,采用重点讲解、型号示例等方法,使专业知识通俗易懂,增强了丛书的可读性。

博览众采,传承知识。丛书通过科学的体例设置,涵盖军用舰船、民用船舶和海工装备的相关知识,体系庞大而有序,知识通俗而有内涵,突出展现了丛书内容的鲜明特色,使广大青少年读者一书在手,舰船在胸。

—— 图谱化的舰船知识。丛书坚持知识性与趣味性相结合,以图文并茂的形式对一些典型舰船进行集中讲解,以便让读者掌握舰船的特点。

—— 通俗化的专业知识。丛书坚持专业性与通俗性的有机结合,用朴实的篇章构建舰船知识链,用易懂的语言精准描述舰船的工作原理、性能特点。

—— 人文化的历史知识。丛书追溯舰船诞生的起点,展望舰船发展的未来,彰显舰

船历史的人文特色，描绘出一幅幅人类设计建造舰船、塑造海洋文明的生动画卷。

拓展视野，启迪心智。丛书以舰船为载体，为广大青少年读者打开了世界舰船知识之门、中国舰船科技之窗，让读者驾驶生命之船，扬起思想风帆。

—— 认清大势，强化理念。丛书以舰船为媒，引导读者正确认识世界和中国。半个多世纪风雨兼程，中国船舶装备在变，舰船航迹在变，唯有"国之重器"建设者们"忠于党、忠于人民、忠于国家"的初心不改，信仰不变，继续弘扬突破自我、敢为人先的工匠精神，锲而不舍，发愤图强，国家利益所至，科技创新必达！

—— 明确主题，播种梦想。丛书以中国舰船制造励精图治、自力更生、发奋图强、勇创辉煌的历史红线，为每个青少年播种梦想、点燃梦想，让更多青少年敢于有梦、勇于追梦、勤于圆梦。

激扬青春，陶冶情操。理想指引人生方向，信念决定事业成败。丛书倾诉舰船昨天之历史故事，弹奏舰船今天之恢弘篇章，高歌舰船明日之瑰丽远景。

—— 弘扬爱国主义精神。丛书立足民族、面向世界，旨在激发广大读者的爱国情怀；以科学的视角，生动介绍了新中国成立以来我国舰船及海洋工程研制所取得的成就，讲述一代又一代科技人员怀着深厚的爱国情怀，为中国舰船事业发展所作的贡献。

—— 倡导奋进创新思想。丛书用世界舰船的历史史实启发读者认知：创新是民族进步的灵魂，是一个国家兴旺发达的不竭源泉。广大青少年读者应敢为人先，勇于解放思想、与时俱进，敢于上下求索、开拓进取，树立雄心壮志，努力超越前人。

—— 激励艰苦奋斗精神。丛书用中国舰船的历史史实引领读者感悟，我们的国家、我们的民族，从积贫积弱一步一步走到今天的繁荣富强，靠的就是一代又一代人的顽强拼搏，靠的就是中华民族自强不息的奋斗精神。

2016年5月30日，习近平总书记在全国科技创新大会、两院院士大会、中国科协第九次全国代表大会上的讲话指出：科技创新、科学普及是实现创新发展的两翼，要把科学普及放在与科技创新同等重要的位置。希望广大科技工作者以提高全民科学素质为己任，在

全社会推动形成讲科学、爱科学、学科学、用科学的良好氛围，使蕴藏在亿万人民中间的创新智慧充分释放、创新力量充分涌流。"国之重器——舰船科普丛书"正是习近平新时代中国特色社会主义思想的生动实践。

愿："国之重器——舰船科普丛书"构建一座智慧的熔炉，锻造中国青少年威武铁甲！

愿："国之重器——舰船科普丛书"筑起一个知识的平台，助力中国青少年纵横海疆！

愿："国之重器——舰船科普丛书"插上一双理想的翅膀，引领中国青少年翱翔海天！

中国工程院院士

2018年8月

前 言

在战争时期，它像一座移动的海上"城堡"，巍峨耸立、铁流澎湃。

在和平年代，它是无可争议的海上"多面手"，本领高强、技艺出众。

它就是两栖战舰，名副其实的抢滩先锋，海陆通达，国家之重器。

两栖战舰是专门用于输送登陆部队、武器装备、登陆工具和物资，实施由岸到岸或由舰到岸登陆的舰艇，又称登陆作战舰艇，主要包括常规登陆艇、常规登陆舰、船坞运输舰、船坞登陆舰、两栖攻击舰、两栖指挥舰、高性能登陆艇等。

两栖战舰的诞生，是世界军事思想的一大革新，是海军装备史上的重要里程碑，具有独特的烙印。可以说，现代的两栖战舰几乎可以在任何地方的海岸线发动攻击，使得敌方的防守极其困难，作战意义极大。

第一次世界大战期间，登陆作战只使用传统船舶。第二次世界大战期间，两栖战舰得到了极大发展，改装了大型运输舰，研制了坦克登陆舰和登陆运输舰，作战功能得到了高度印证，但两栖战舰速度慢、功能单一，难以完全满足登陆部队的需求。从20世纪50年代开始，在"垂直登陆""发展20节登陆战舰艇""均衡装载"等作战理论指导下，两栖战舰迎来了井喷式的发展期。

两栖战舰在世界历次海战中经历了从配角到主角的转变，在未来海战中的地位与作用与日俱增。"国之重器——舰船科普丛书"之《两栖战舰》，纵向上全面系统、点面结合地描述两栖战舰的前世今生和未来容颜，横向上形象直观、通俗易懂地解读两栖战舰的构造、原理、性能、用途等科普知识，具有较强的可读性和趣味性。

中国两栖战舰经过艰苦的创新发展，从小到大、由弱到强，从低科技含量到高科技装备，从平面两栖登陆到立体登陆，从沿海防御到走向深蓝远洋，在人民海军发展历程中起到了极其重要的作用。亚丁湾护航行动中，出现了它们威武的身影；举世瞩目的南海大阅

兵中,两栖作战编队威武亮相,扬国威,展雄风,备受关注。

《两栖战舰》一书,生动记述中国两栖战舰的成长发展之路——用创新的精神开拓、用辛勤的汗水铺就、用科学的智慧延伸,力争为广大读者尤其是青少年朋友,奉献上舰船知识的盛宴、自强不息的激励和强国强军的宏愿。

编 者

2019年2月

舰船科普丛书

目 录

第1章
两栖战舰的由来 / 1

不同的使命任务 / 4

多种登陆方式 / 6

两栖战舰大家庭 / 8

第2章
两栖战舰的发展 / 21

初始探索
——登陆艇的诞生与应用探索 / 22

快速成长
——大规模实战应用，格局初成 / 24

拓展跃升
——更快更强，由海向陆快速发展 / 28

第3章
两栖战舰的特性和关键技术 / 35

抢滩先锋 / 36

两栖战舰的特点 / 41

两栖战舰的装载大舱和通道 / 47

两栖战舰的关键技术 / 68

第4章
中国两栖战舰 / 79

艰难的初创期 / 80

小型登陆艇 / 83

中型登陆舰 / 91

大型登陆舰 / 94

船坞登陆舰 / 101

守卫海疆军演显神威 / 108

为国之重器奋斗的人 / 116

第5章
世界两栖战舰 / 121

美国 / 122

英国 / 134

法国 / 144

俄罗斯 / 151

西班牙 / 154

日本 / 157

韩国 / 164

第6章
未来发展趋势和展望 / 169

参考文献 / 176

后记 / 177

第 1 章
两栖战舰的由来

看到"两栖"这个词,大家首先想到的可能会是"两栖动物",如青蛙、蟾蜍、大鲵等。它们在水里生活,时而也可以爬上陆地,因其能在水里和陆地生存,故被称为"两栖动物"。

在舰船领域也有一种船,它不仅能驰

> 图1 当今世界最先进的两栖攻击舰——美国级两栖攻击舰(一)

第1章 两栖战舰的由来

> 图3 正在登陆作业的我国玉亭Ⅱ级大型登陆舰

> 图2 当今世界最先进的两栖攻击舰——美国级两栖攻击舰（二）

骋在浩瀚的海洋里，还能登上陆地投送装备，遂行两栖作战任务，这类舰船就是两栖战舰。

两栖战舰的特殊性能就是可以从岸到岸、从舰（海洋）到岸登陆，具有一般船舶所没有的登滩及退滩特性。

两栖战舰，英文名为 landing craft。根据英文名可以直接简单理解为"可以到陆地的船"，顾名思义，它的主要特性就是能登陆作战。

两栖战舰是专门用于输送登陆部队、武器装备、登陆工具和物资，实施由岸到岸或由舰到岸的登陆作战的舰艇，又称登陆作战舰艇，主要包括常规登陆艇、常规登陆舰、船坞运输舰、船坞登陆舰、两栖攻击舰、两栖指挥舰、高性能登陆艇等。

不同的使命任务

两栖战舰在战争与和平时期具有不同的使命任务。

战争时期,两栖战舰是两栖舰艇编队作战的主要平台,是专门用于登陆作战的舰艇总称。其主要使命是输送登陆部队、登陆工具、战斗车辆、其他武器装备、物资,以及提供火力支援和指挥登陆编队作战等。两栖战舰将装载的直升机、气垫船、登陆艇、坦克、车辆等装备运送登陆部队的同时,依靠自身拥有的武器装备为

> 图5 执行护航任务的我国"昆仑山"号船坞登陆舰

> 图4 执行任务中的两栖战舰编队

第1章 两栖战舰的由来

> 图6 "井冈山"号船坞登陆舰执行护航任务

上岸的登陆部队提供火力支援，摧毁敌方海岸构筑的防御工事，保证登陆作战的快速、顺利进行。

和平时期，两栖战舰可以完成如运输、救援、护航等任务。

> 图7 美国惠德贝岛级船坞登陆舰在运送救援物资

多种登陆方式

现代登陆战有三种方式：由岸到岸、由舰到岸和综合方式。

按照由岸到岸方式登陆，登陆部队（包括装备）在己岸上舰，然后航渡至预定登陆点直接实施抢滩登陆。

按照由舰到岸方式登陆时，登陆部队（包括装备）先在己岸装上各种运输车船，然后航渡至距敌岸一定距离的指定海区——换乘区，在这里将登陆部队换乘到能直接抢滩登陆的各种登陆工具上，再由这些登陆工具按一定战斗队形冲滩登陆，把登陆部队送上岸。

> 图8 美国LCU登陆艇运送陆战车

第1章 两栖战舰的由来

> 图9 韩国高俊峰级坦克登陆舰抢滩登陆

综合方式就是在一次战斗中，同时采用上述两种方式登陆。

一般说来，如果登陆战规模较大，距离较远，航渡海区风浪较大，需要采用由舰到岸的登陆方式，反之则采用由岸到岸的直接登陆方式。

上述三种登陆方式，无论采用哪一种方式，都需要有专门的舰艇来负责运送登陆部队和装备，以及指挥部队进行登陆作战，这些舰艇就被称为"登陆战舰"。由于登陆战常常又称"两栖战"，所以登陆战舰也常常称作"两栖战舰"。

> 图10 美国LCU登陆艇艏跳板搭载在母舰艉跳板上进行装备换乘

> 图11　一艘气垫登陆艇正返回换乘区母舰的坞舱

 两栖战舰大家庭

两栖战舰是从最初的小型登陆艇,慢慢成长为一个既有小型登陆艇,又有大、中型登陆舰和气垫登陆艇等"兄弟姐妹"众多的大家庭。那么两栖战舰的大家庭里到底有哪些成员呢?

两栖战舰按登陆方式可分成直接登陆式(岸到岸)和间接登陆式(舰到岸)两种,具体舰型如图12所示。

这些成员的发展都是基于各国海军的发展战略而来,因各国面临的威胁和主要

第1章 两栖战舰的由来

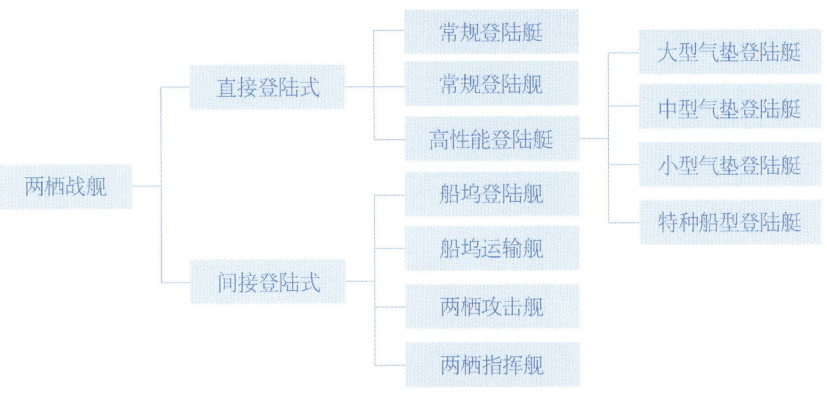

> 图12 两栖战舰大家庭

作战任务不同,对两栖战舰的发展需求也存在差异。不可否认,美国在两栖战舰领域的发展对各国海军发展具有引领作用,因此主要以美国为例对两栖战舰大家庭成员进行介绍。

常规登陆舰艇

第二次世界大战(以下简称二战)期间,美国建造了大量直接抢滩登陆的常规登陆舰艇,可以在没有靠岸设施的滩头直接登陆,通过这些常规登陆舰艇运送重型装备进行由岸到岸的登陆战。

二战后,针对直接抢滩登陆舰艇吃水浅、航速低的不足,美国在20世纪70年代初开发了具有大型艉跳板的8 000吨级新港级登陆舰。

随着美国两栖作战方式的转变(由平面登陆方式转变为立体登陆方式),更多发展两栖攻击舰。千吨级的常规登陆舰仅保留几十艘服役,其余的已陆续退出现役。

船坞登陆舰

船坞登陆舰又称登陆艇运输舰,舰上设有坞舱,能载运登陆艇和两栖登陆工具的大型登陆作战舰艇,具有运输和登陆两种功能。

平面登陆

平面登陆是指传统的登陆方式,通过登陆舰艇直接抵滩,打开艏门放下跳板,输送坦克及登陆部队上岸。平面登陆要求登陆舰艇必须吃水浅,否则还没靠近海岸就搁浅了,而这种浅吃水船型阻力较大,航速不能有效提高,导致接近敌岸时间长,登陆部队及装备暴露时间长,战斗损失大。

> 图13 美国新港级登陆舰

> 图14 平面登陆——登陆舰艇抢滩输送登陆部队

第1章 两栖战舰的由来

> 图16 母舰在安全区域下放携带的两栖突击车

> 图15 登陆部队上舰

立体登陆

　　立体登陆是指垂直登陆＋平面登陆，主要在大型船坞登陆舰或两栖攻击舰上才能实现。不依靠登陆舰艇直接抵滩，在离海岸还有一定距离的安全范围内停下，通过母舰上携带的武装直升机飞到敌区进行战斗，同时放出母舰内携带的气垫登陆艇直接高速登陆上岸，以及常规小型登陆艇上装备的坦克及登陆部队，同时开展平面登陆。

> 图17 两栖突击车自行登陆

> 图18 立体登陆——直升机和两栖突击车协同登陆作战

船坞登陆舰由于要求装载多、航程远，所以排水量较大，一般都是万吨级。船坞登陆舰本身不承担抢滩任务，因其吃水深，没有直接靠岸登陆的能力，主要负责运送登陆艇、坦克、登陆部队和其他陆战装备及物资。它与常规登陆舰艇的最大区别是内部设置坞舱，打开坞舱大门，使大门外面的海水灌进坞舱，让坞舱处于半吃水状态，于是坞舱内的登陆艇就浮了起来，可以自由进出船坞登陆舰（母舰）。

船坞登陆舰主要作战方式以装载为主，将参与两栖作战的装备送至离敌岸还有一定距离的安全海域内，将舰上装备通过坞舱内携带的小型登陆艇换乘后直接进行抢滩登陆，所以船坞登陆舰可以作为临时海上基地，为滩头补充弹药

> 图19　坞舱进水后使舱内登陆艇浮起来

> 图20　美国惠德贝岛级船坞登陆舰（一）

两栖战舰

![图21 美国惠德贝岛级船坞登陆舰（二）]

> 图21　美国惠德贝岛级船坞登陆舰（二）

和给养。舰上武器通常以防空为主，一般可以提供2架直升机的同时起飞和降落。

美国为简化和加速登陆部队在敌方炮火袭击中的下水过程，减少舰艇和人员的损失，在二战期间开始建造船坞登陆舰。从20世纪40年代到90年代，美国发展了艾施兰德级、托马斯顿级和惠德贝岛级三代船坞登陆舰，目前有12艘惠德贝岛级船坞登陆舰在役。

 船坞运输舰

船坞运输舰是用于运载登陆部队、物资和登陆艇或两栖装甲车辆等登陆工具实施由舰到岸的登陆作战舰艇，目前只有英、美两国建造。

美国为适应现代化两栖攻击战术，满足"加快速度""多用途""均衡装载"以及"减少护航兵力"等新要求，二战后开始发展船坞运输舰。它有较多的空间装载

第1章 两栖战舰的由来

> 图22 美国圣安东尼奥级船坞运输舰

陆战部队及弹药、油料等后勤物资,并配直升机平台,提高突击威力。从20世纪50年代起,美国共发展了罗利级、奥斯汀级和圣安东尼奥级三代船坞运输舰,目前主力舰型为圣安东尼奥级。

两栖攻击舰

两栖攻击舰是用于搭载直升机,输送登陆部队及其武器装备,实施垂直登陆的登陆作战舰艇,亦称直升机登陆运输舰或直升机航母。

20世纪50年代,美国诞生了登陆战"垂直包围"理论,从60年代起先后发展了硫磺岛级、塔拉瓦级、黄蜂级和美国级四代两栖攻击舰。第一代首次把直升机作为登陆主要手段引入;第二代强调均衡装载,通过直升机和登陆艇两种手段实现兵

> 图23 美国黄蜂级两栖攻击舰

力投送；第三代采用更先进的舰载机和具有超越登陆能力的气垫登陆艇作为突击上陆手段，以提高登陆的隐蔽性和突然性；第四代在作战理念上与第三代相似，但采用更先进的舰载机提升了作战能力。

两栖指挥舰

两栖指挥舰是专用于大型登陆作战中对整个登陆编队实施统一指挥的登陆作战舰艇，亦称登陆指挥舰或两栖旗舰。

随着舰队规模大型化、作战任务多样化、作战行动复杂化，舰队指挥员需要处理的情报数量空前增多，美国认识到单靠改装提高舰艇指控能力已无法满足两栖作战的需要。在这种大环境下，1970年蓝岭级两栖指挥舰首舰服役，它的主要作用就是解决在远距离大规模登陆作战中对登陆

> 图24　美国蓝岭级两栖指挥舰

编队进行统一指挥的问题。后经改装实现了对舰队内航母编队、两栖打击群等的海上联合作战指挥。该舰于1979年正式成为美国海军第七舰队旗舰，代表了其海上综合作战指挥能力的最高水平。

气垫登陆艇用于搭载登陆兵及坦克等武器装备，直接抢滩登陆作战。

气垫登陆艇区别于常规登陆艇，采用全垫升气垫船型建造的高速气垫登陆艇，具有吃水浅、航速高、可超越登陆的特点。但气垫登陆艇续航力短，如果距离目标滩头近，可以实施短距离岸到岸作战；若较远，则可以装在船坞登陆舰或两栖攻击舰等母舰内，到达登陆地点附近海域后驶出母舰，实施舰到岸的登陆战。美国自20世纪70年代开始研制气垫登陆艇，发展到今天主要形成了三代，即LCAC、LCAC-SLEP、SSC。

除美国外，气垫登陆艇应用较成功的国家还有乌克兰。乌克兰拥有海鳝级中型气垫登陆艇和海牛级大型气垫登陆艇。其中，海牛级大型气垫登陆艇是目前世界上排水量最大的气垫登陆艇，其满载排水量达554吨，静水最大航速可达60节，可运载3辆主战坦克实施岸到岸超越登陆，并具有一定的自防御能力。

超越登陆

超越登陆是指在气垫艇垫升（气囊里充满气）状态，可越过敌方设置的障碍实施登陆。它可对70%的海岸进行登陆，而常规登陆艇仅能对15%的海岸进行登陆。

第一代	· "LCAC"气垫登陆艇 · 装载量54吨，航速30节
第二代	· "LCAC-SLEP"气垫登陆艇 · 装载量54吨，航速35节
第三代	· "SSC"气垫登陆艇， · 装载量67吨，航速35节

> 图25 美国第三代"SSC"气垫登陆艇

> 图26 海牛级大型气垫登陆艇

 第1章 两栖战舰的由来

> 图27 "井冈山"号船坞登陆舰

节

节是船舶航速的专用名词,是船舶航速的计量单位,1节=1海里/小时=1 852米/小时。

第2章
两栖战舰的发展

两栖战舰因登陆战的特殊需求而诞生，也随着登陆战的不断变化而发展。

自1915年第一艘小型的登陆艇崭露头角后，100多年来，两栖战舰经历了包括两次世界大战等战火的洗礼，已从最初的小型登陆艇发展到坦克登陆舰、船坞登陆舰、两栖攻击舰等大型两栖战舰，再到气垫登陆艇等高性能登陆艇的跨越式发展，其发展过程可划分为初始探索、快速成长和拓展跃升这三个发展阶段。

初始探索

登陆艇的诞生与应用探索

两栖战的觉醒——两栖战舰概念的提出

两栖作战历史久远，是海战的重要形式，早在公元前1470年，古埃及人就曾划着木船在叙利亚进行沿海登陆作战，这大概是人类历史上最早的两栖战。

由于人们对两栖战的认识不足，虽然两栖战出现得很早，但专门用于两栖战的舰艇却出现得很晚。

早期的两栖战，通常是登陆方事先勘察好地形，选择敌方无防御设施或防御较弱的海岸进行登陆；另外，登陆规模也通常较小，所以一般登陆方采取利用战斗舰艇来运送部队登陆即可，这时候还没有人想到要设计专门的两栖战舰。

直到第一次世界大战（以下简称一战）爆发后，进行了几次较大规模的两栖战，这些两栖战因为遇到防御一方顽强抵抗而失败，这才引起了人们对两栖战的思考和重视，开始认识到用常规战斗舰艇来运送部队登陆是不合适的。因为战斗舰无法携带足够多的小艇，也没有足够的空间来装载部队，所以人们提出了建造专门登陆舰艇的要求，同时约定这些舰艇应该以运送登陆部队上岸为主要任务。这是人们对现代两栖战一次很重要的觉醒，也为人们开启了专门研制两栖登陆舰艇的大门。

失败的英雄——比特尔级登陆艇

在两栖战舰方面敢于第一个"吃螃蟹"的是英国，早在20世纪初就建造了比

第2章 两栖战舰的发展

> 图28 一战期间海战图

特尔级登陆艇,这是现代最早专用于两栖作战的登陆艇。

1915年4月,为迫使土耳其脱离德国的联盟,英国海军使用了本国设计建造的比特尔级登陆艇。虽然此次登陆作战任务以失败告终,但比特尔级登陆艇作为第一艘专门用于登陆而研制的登陆艇,彪炳史册。

后继者——多型专用两栖登陆装备的研制

比特尔级登陆艇登陆战的失利没有阻挡人们对两栖战舰的渴望,特别是后来发生了加利波利登陆战役后,人们更加认识到了两栖战舰的重要性,各国开始对登陆装备的发展予以重视。至此,大家也普遍发现两栖登陆作战是一种最复杂、最困难的作战方式,要进行大规模登陆,需要有经过专门训练的登陆部队和建造专门的登陆工具。

小贴士

比特尔级登陆艇

该艇设有轻型装甲保护,艏部设有登陆跳板,采用柴油机动力装置,航速5节,可运载500名登陆士兵。

> 图29 加利波利战场

美国于20世纪20年代成立了一个专门的登陆战研究中心,开始研究登陆理论,以及登陆战器材和装备,总结了一战的经验,并开始在太平洋战区进行登陆战演习,建造各种试验型的登陆工具及专门的武器装备,到二战开始时,美国已建造了车辆登陆艇、车辆人员登陆艇和两栖装甲运输车等,登陆作战实力得到了快速提高。

快速成长

大规模实战应用,格局初成

 集群登陆作战——抒写两栖战舰卓著功勋

在一战中崭露头角的两栖战舰,在二战中得到了广泛应用。二战中美、英、日等国建造登陆艇达数万艘之多,特别是日本偷袭珍珠港后,美、英等国面对被动的战略态势,集中精力,力图通过发起两栖作战扭转战略上的被动局面,掌握战场主

第2章 两栖战舰的发展

> 图30 诺曼底登陆战役（一）

现代两栖战的雏形
——加利波利登陆战役

1915年，英法联军为在达达内尔海峡和博斯普鲁斯海峡获得控制权，实施了加利波利半岛登陆作战，而德国和土耳其军队在达达内尔海峡构筑的海岸防御便是以后抗登陆防御的雏形，加利波利半岛登陆作战为登陆战提供了十分有益的经验。

> 图31 诺曼底登陆战役（二）

动权。为此，美、英等国加强了对两栖战舰的研究与开发，于1942年开始大批量生产各型登陆舰艇，其中千吨级登陆舰就有1 000多艘。

二战中著名的登陆战役，如诺曼底登陆、西西里岛登陆、北非登陆，都是采用登陆舰配合轰炸机、空降兵、装甲部队与强力后勤的使用，以实施战略性的两栖作战。

诺曼底登陆战是世界海战史上规模最大的一次登陆战，也是二战中美、英等盟国军队对法西斯德国战略性的反攻战役。

1944年6月6日晨6时30分，诺曼底登陆战打响。为输送登陆兵力及其装备物资实施登陆作战，盟国海军组成东、西两个特混舰队。西部特混舰队主要由美国海军组成，辖有各型舰船2 100多艘，其中两栖战舰约1 700艘；东部特混舰队主要由英国海军组成，辖有各型舰船近2 800艘，其中两栖战舰约2 400艘。此外，还有近40艘战斗舰艇组成5个对陆火力支援群，经过一个月的艰苦作战，最后以盟军取胜而结束。

随着现代登陆战规模越来越大，距离越来越远，使登陆战舰艇的作用越来越显著，其在战争中的发展也越来越迅速。

 **实战带动发展——基本建立两栖战舰格局**

二战期间，根据两栖登陆作战的需要，不仅改装了大量的大型登陆运输舰，新研了多型两栖战舰艇，而且确立了登陆指挥舰和登陆火力支援舰在登陆战中的地位，形成了大、中、小多种登陆艇类型和系列，基本建立两栖战舰格局，初步确立其在主战舰艇中的重要地位。

改装大量大型登陆运输舰

因为随着二战中登陆战规模的不断增大，特别是远程登陆战的大量应用，使登陆运输任务变得相当巨大，不仅要运送大量人员参加战斗，还要运送大量装备、物资、车辆及补给来保证战斗进行。特别是后者的运输量相当惊人，当时进行远程登陆的每个登陆士兵所需物资平均高达10～11吨。这些登陆运输舰按以运送人员为主和以运送物资为主分为两类，由于时间紧迫和需要量大，它们分别由客船和货船改装，改装内容主要包括：增设携带

> 图32 日本"大发"型登陆艇

第2章 两栖战舰的发展

> 图33 冲绳岛登陆战

登陆艇的设备，使之能携带更多的艇供换乘用；改建舱室，以适合各种登陆装载；安装武器等。

研制两型大型登陆舰

二战中在两栖战舰大量建造和应用的同时，还研制了两种新型登陆舰，一种称为坦克登陆舰，一种称为船坞登陆舰。前者可运送大量坦克等重型装备远航至敌岸直接抢滩登陆；后者是一种登陆艇运输舰，以运送装载坦克等的大型登陆艇为主。

这两种两栖战舰的出现都是得益于战时登陆作战的需要。因为在二战中敌方抗登陆防御能力大为加强，登陆部队必须与筑有强大工事的守敌经过激烈战斗才能上陆，为此需要有坦克等重型装备配合战斗。对于建

  小 贴 士

日本"大发"型登陆艇

1929年，日本根据加利波利登陆战的经验，为入侵中国做准备，设计建造了"大发"型登陆艇。该艇为钢质艇体，总长14米，采用柴油机动力装置，功率60马力，可运载480名登陆士兵，或载运4辆坦克和260吨物资装备，最大航速可达12节以上，艇上装有2门127毫米炮和若干门小口径炮。这些登陆艇后来成为日本侵略中国的先锋。

造船坞登陆舰的原因，是因为当时已有能运送坦克直接登滩的登陆艇，但这些艇本身不适合远航，因此需要建造能运送这些登陆艇的运输舰，以解决坦克登陆艇的远航问题。这两种舰的出现，被认为从根本上解决了当时的远程滩头登陆问题，加快了上陆速度，对登陆战发展起了很大的促进作用。

另外，船坞登陆舰的出现，还解决了其他运输舰携带登陆艇数量不够的问题。

形成了大、中、小多种登陆艇类型和系列

二战中，仅美、英、日等几个国家就建造了数万艘登陆艇。这些艇基本上可分成大、中、小三种类型，并且各成系列。其中，大型登陆艇主要有坦克登陆艇系列；中型登陆艇主要有机械化登陆艇系列。

每一系列又按排水量不同，分成多种型号。如美国的坦克登陆艇系列，从LCT（1）到LCT（8），分为八个型号。

大型登陆艇和中型登陆艇以运送坦克等重型装备为主，小型登陆艇以运送人员为主。

除了登陆艇外，二战中还研制了履带式和轮式的两栖车辆，为由舰到岸登陆提供更多的新型装备。

拓展跃升

更快更强，由海向陆快速发展

二战期间，美、英等国经过数百次两栖作战的成功经验，使两栖战舰得到了长足的发展，对战胜法西斯夺取二战最后的胜利发挥了重要作用，因此两栖战舰的地位也得到较大的提高。战后，特别是20世纪70年代以来，舰载直升机用于两栖战舰后，使两栖战舰发生了质的飞跃，出现了新型两栖战舰，如两栖攻击舰、综合运输舰、气垫登陆艇等新利器，迎来了更快、更全面的飞速发展。

改进优化——已有舰种性能再提升

主要包括提高航速、改进布置、采用先进设备和技术等，特别值得一提的是提高航速这一性能。坦克登陆舰的艏部因为需要进出坦克等装备，艏部船形无法像其他战斗舰艇一样尖瘦，航行时阻力较大，航速较低。

20世纪50年代末至60年代初，为使

> 图34 美国新港级坦克登陆舰

两栖战舰和担任护航任务的战斗舰艇的巡航速度相适应,美国海军提出了"发展20节登陆战舰艇"的计划,即要求所有新设计的登陆舰艇航渡速度不低于20节。

在此背景下,美国新港级坦克登陆舰设计了一种完全新颖的船舶结构,使航速有了较大的突破。该级舰未使用传统的艏跳板形式,而采用细长的船形使艏部水线以下线型尖削,以提高航速。而水线以上船体则尽量向外扩展,满足陆战装备的通行要求。它在上甲板装设了艏跳板及其支撑的门形支架,跳板平时放在甲板上,登

小贴士

冲绳岛登陆战

冲绳岛登陆战是二战时期美军在太平洋战争中的最后一仗。

为了取得绝对胜利,美军几乎把太平洋所属的海军和陆军的主要作战部队全部投入,总投入兵力达18万之多,以航母编队对冲绳岛全面实施封锁,夺取和掌握了制海权,切断日本来自空中、海上的援助。美军在占领冲绳岛的中部后,适时兵分二路,北攻南追,使日军难以首尾兼顾,保证了美军登陆作战的胜利。

这次登陆战的胜利使盟军打开了日本本土西南面的海上门户,彻底切断了日本通向南方的海上交通线,为盟军直接登陆日本本土、最终打败日本帝国主义创造了有利条件。

陆时向前伸出，下放到海岸或浮桥上供坦克或其他登陆装备通过。

创新研制——再添两栖登陆新利器

两栖攻击舰的出现与在登陆战中需要广泛应用直升机是紧密相联的。战后随着直升机的发展，发现其具有越过敌人抗登陆障碍、自由选择突击方向、速度快等优点，采用它作为登陆工具可以扩大登陆点的选择，使登陆战不再限制在海岸线上，更可深入到内陆。

另外，直升机的应用还有利于在核战争情况下登陆部队的迅速集中和展开，所以提出了以直升机为主的"垂直包围"登陆作战战术，广泛采用直升机来进行运输、攻击、搜索、掩护、指挥等任务。这样在20世纪50年代初产生了一种以运输直升机为主的两栖攻击舰，如美国塔拉瓦级两栖攻击舰和英国"海洋"号两栖攻击舰。目前，已有许多国家建造两栖攻击舰。

综合登陆运输舰的出现是基于战后提出的"均衡装载"概念。根据二战的实践和战后对登陆战术的研究，发现采用各种以单一装载为主的登陆运输舰，既不利于

> 图35 美国塔拉瓦级两栖攻击舰

登陆编队的组成，又往往会因损失某一艘舰而使整个部队失去平衡。为此，提出发展一种能将登陆部队，包括人员、装备、车辆、物资以及换乘所需的登陆工具等，都尽可能装在一艘舰上，即"均衡装载"的运输舰。第一艘这样的舰由美国在1962年建成，它可以代替登陆兵运输舰、登陆物资运输

> 图36　英国海洋级两栖攻击舰

> 图37　美国圣安东尼奥级船坞运输舰

舰、船坞登陆舰的职能，表现出很大的灵活性。

拓展领域——大力发展气垫登陆艇

随着气垫技术的发展和应用范围的扩大，极大促进了气垫登陆艇的研究应用。

气垫登陆艇概括起来有以下两个优点：

一是速度快。一般在50节左右，约为常规排水量型登陆艇的3～5倍，不仅可扩大登陆攻击的出发距离，有效降低被敌岸炮火摧毁的危险，而且能缩短暴露于敌岸火力下的航渡时间。

二是两栖性。气垫登陆艇能脱离水面和地面腾空航行，使得登陆时既不受海滩坡度限制，又可越过海滩上布放的人工和自然障碍。上陆后，它还可通过沼泽、湖泊、沙丘、雪地等不同表面，扩大了登陆点的选择，加快了上陆后的行动速度和避免在岸边发生集聚和堵塞的现象。在进行"垂直包围"登陆作战时，它还能更快地沟通搭乘舰载直升机深入内地空降登陆部队的联系，是二战后登陆战舰艇的又一个重大发展。

据不完全统计，现在世界上已有60多个国家和地区拥有各型两栖战舰1 760多艘，其中二战后发展起来的万吨级以上的两栖攻击舰就多达约50艘。20世纪90年代以来，由于冷战结束，美国及西方一些

> 图38 我国某中型气垫登陆艇

> 图39 "祖布尔"型气垫登陆艇

国家海军战略进行了调整,两栖战舰就更受青睐,两栖战舰的地位在诸多国家海军中有明显提高,两栖战舰的作用已被人们所重视。

第3章
两栖战舰的特性和关键技术

两栖战舰起初采用冲击抢滩战术，这种战术的核心思想就是将人员和装备等直接送上滩头。但随着各国岸防火力的增强，特别是岸舰导弹的出现，这种战术受到严重的挑战。基于此，20世纪60年代，军事界出现了"垂直登陆""超视距登陆""均衡装载"等多种两栖作战概念。这些概念的根本是利用两栖战舰配合直升机、气垫登陆艇等装备，搭载人员、物资在对方雷达系统视距之外发起攻击，避免两栖战舰直接暴露在对方火力之下。

这一章里我们将一起探索两栖战舰与其他舰艇存在哪些不同处，为什么能抢滩登陆，它有哪些关键技术支撑新的两栖作战概念。

抢滩先锋

两栖战舰为便于运送大量人员和设备，需具有在没有港口提供保护和设备的情况下卸载货物的能力，能直接在没有防护的海滩上输送货物。

为了使两栖登陆舰艇可靠地在倾斜海滩登陆，登陆舰艇的船底设计成平底并有倾斜龙骨。

登陆舰设计成艏部搁滩卸载。它装有

> 图40 正在登陆滩头的两栖战舰

第3章　两栖战舰的特性和关键技术

> 图42　登陆舰内的陆战装备驶出母舰

> 图41　登陆艇抢滩

舵　效

　　舵是舰船上用于改变和保持航行方向的一种装置，是控制船舶航向的设备。舵效是用来描述舵在船舶航行时改变方向的能力，即舵对航向的控制能力。舵效以应舵时间和小舵角舵效为指标。当舰船需要改变方向的角度相同时，其所需要舵转过的角度越小，则舵效越佳。

大的艏门和安装在艏门里受到保护的钢质跳板。当登滩时，母舰可以打开艏门，放下倾斜的跳板，并通过按车辆宽度设计的艏通道卸下军用物资或车辆。艏跳板伸展到登陆点前，这样可使车辆在比艏部吃水更浅的水中行进。

为了保持船艉向着海洋和防止横位，登陆舰装有艉锚和艉锚机。艉锚机像大型拖船上的拖缆机一样，能使艉锚钢索保持拉紧姿态。

为保护登陆舰的推进器免于因搁滩而损坏，螺旋桨安装得高于基线，并在船舷之内。每个螺旋桨都由向艉延伸的呆木加以保护，并在叶片下面装有坚固的"支架"。两个舵装在螺旋桨的正后方，以便在推进器尾流中获得最大的舵效。

登陆舰有一个十分重要的特点：设置和使用了登陆循环压载水舱，装有巨大的压载系统对航行和登陆都十分有用。

在通常登陆卸载时，希望船艏尽可能接近岸边。在准备登陆时为了获得需要的纵倾状态，就需要排掉艏压载和加装艉压载。一旦舰搁滩并使用舰上主机推动舰尽量冲上滩头时，需要设法保持舰的位置。因而一旦船舶搁滩，就重新装进压载水，使舰更牢固地搁在滩头，以防船在卸货时因变轻而离开滩头。当准备退滩时，排出艏部压载水以减小船艏吃水，使船较容易地退滩。

当登陆装载时，如果船是轻载，船将高高地搁在滩头上，而后装载重货，船就有可能无法退滩。因此，在登陆装载时，

> 图43　登滩成功输送装备中的登陆艇

在登滩前必须压下船艏，在装货后可以排出压载水，以补偿新装货物的重量。

在潮汐变化较大的滩头上，在低潮时登陆舰可能出水而搁得很高。如果不是有经验的舰员，忘记了登陆舰需要水来供给各种次要的用途，这将是很不利的。通常，登陆舰不断地吸水（通过海底泵吸收海水）来供给各种需要，如冷却机器，供应蒸发器、消防系统和冲洗用水等。如果没有专门的水供应，当登陆舰搁在退潮的滩头上时，登陆舰日常勤务（如发电和消防系统）就将停止工作。登陆舰利用"登陆循环"压载舱的水代替平时用的海水来解决这个问题，必要时它可以通过机器循环压载水，以保证日常勤务不受潮汐的影响。

登陆舰经常会有横位的危险。如登陆舰失去控制或拍岸浪冲击船舷时，就可能发生严重损坏，甚至损失。当登陆舰刚刚离开垂直于波浪的方向时，就应该采取措施防止横位，而不能等船已经有严重的偏角或正被波浪不断冲向滩头时才采取措施。因此，只要一发现有方位变化，就应采取有力的措施。机器的速度可增至全速，以增加舵效。

如果艉锚抛得不适当，可以用一艘小艇去收起，并将它抛到比较好的上风位置。如果拍岸浪不太严重，可以使用小艇来帮助顶推舰艉。横位的结果是十分严重的，它会使登陆失败。遇到这种情况，通

> 图44 运送物资登滩

常应退滩重新登陆。

当登滩卸载两栖车辆时，跳板端部的水深不是问题，因为两栖车辆完全可在深

舯压载水和基线

舯压载水是指设置在船舯部的压载水舱内的海水，由于力臂较长，调整舯压载水对调整船体艉倾有立竿见影的效果。

过船艏艉线间距的中点作一条竖直线，这条线与船底龙骨线相交，过这个交点作水平线，就是船的基线。

水或浅水中运行，对于登陆坡度在1/40或更大的滩头，更不会有任何特别危险。当装卸两栖车辆时，通常不用艉锚，因为几分钟就可以完成操作，因而发生横位的机会很小。

当从滩头退滩时，一般的程序是排掉舱压载水，拉紧艉锚钢索，并双机倒车。当舰退滩以后，必须小心不要使艉锚钢索落到舰艉下面，否则可能缠住螺旋桨。当舰从滩头离开后，必须连续不断地向指挥员报告留在外面的钢索长度和方向。

虽然最好直接退到深水区，但由于舰浮起后风和流可以使舰转向一侧，通常可以任其转动，适当地使用主机保持钢索拉紧。如果滩头拥挤，可以抛下舯锚以保持舰垂直于滩头，直到艉锚收起为止。

以上描述了舰应该怎样退滩，但遗憾的是常常并不是这么理想。当舰的重量由底部的沙滩支持时，分隔舰底和滩头的水膜逐渐被挤出。舰在沙滩上停得越久，水被挤出得越多，舰底和沙粒接触得越紧，摩擦力大大地增加，因而舰向深水滑动所需的力随着摩擦力的增加而增加。

为了使得舰能容易滑过滩头表面，必须重新建立润滑水膜。这不容易做到，特别是由于波浪的作用，沙泥沿着舰底边缘形成了印迹之后就更难。这就是"底吸现象"（阻止船浮起，让水进入船底）。为了破除底吸，必须找到舰底和沙滩之间引进水的一些方法。

> 图45　两栖战车发起冲锋

当螺旋桨倒车时，排出的水流将迫使水进入舰底。利用主机和舵晃动舰艉有助于破坏底吸现象。此外，横向运动使舰艉移向水膜未被挤出的区域。而且当舰艉移动到旁边时，不平的滩头底部将形成一些水沟，水通过水沟渗入会恢复润滑作用。

经常交替地全速正倒转螺旋桨，将有助于解决这种状态。当螺旋桨正转时，可以从舰艉下面吸出沙泥；当倒车时，将使舰向后移，并迫使水进入登陆舰下面。也可以借助于压载水舱尽力使登陆舰倾侧，以达到这个目的。

如果艉锚、主机、舵和压载系统连续工作而不能生效，则耐心等待较高的潮水可能是最明智的选择。如果等来一个低潮，则可以用消防水有效地冲掉舰体边缘的积沙和在舰底下开出水沟以破坏底吸。当底吸被破坏并恢复水膜，登陆舰就容易退滩，有一瞬间它似乎像粘在那里，但过一会儿舰就会滑向敞水区了。

两栖战舰的特点

两栖战舰虽然是海军舰艇的一种，但它与其他军舰不一样，它不仅以攻击能力和防御能力作为设计要素，还把运输能力作为主要的设计要素。这种运输能力既包括要装载什么、装载多少，也包括可在怎样的程度上不依赖岸上的设施或海滩的自然条件，把登陆装载送上岸。由于这个区别，使两栖战舰和一般军舰相比有以下不同：

小贴士

螺旋桨倒车

螺旋桨倒车是通过螺旋桨反转使舰艇后退。螺旋桨由主机驱动，主机可以正转或反转。当主机正转时，螺旋桨亦正转，舰船前进；当主机反转时，螺旋桨亦反转，舰船后退。当螺旋桨采用特殊的调距桨时，不需要主机反转，通过调整螺旋桨的螺距，就可以使螺旋桨反转，实现舰船后退。

宰相肚里能撑船

作为一种运输舰船，两栖战舰与普通

商船——货船与客船有许多共同之处，使它们在需要时可在一定程度上互相代用。如两栖战舰在平时当作普通运输船，承担海上运输任务，而普通商船在战时可被征用为登陆运输舰。至于战时征用民船参加登陆作战，在二战时就已被广泛使用，当时的登陆兵运输舰和登陆物资运输舰几乎都是由客船改装而成的。

一次大规模的登陆战运送的兵力可多达数十万，需要的装备、物资数量更为惊人。对于这样大量的运输任务，靠专门的两栖战舰承担，既不可能，也不必要。事实上只要在两栖战舰运送的第一梯队占领

> 图47 车辆正通过舷侧通道进入船坞登陆舰车辆库内

> 图46 美国惠德贝岛级船坞登陆舰坞舱内装载的小型登陆艇

> 图48 护卫舰外形

登陆场之后,大量的后续部队及物资都可用普通民船来运送,它们或者通过在登陆场邻近的港口、码头上陆,或者通过在登陆场外构筑的临时港口(人工港)、码头登陆。

一般军舰为了追求航速,舰体瘦长,长宽比在 10∶1 左右,方形系数通常在0.5以下;而两栖战舰为了满足装载,舰形接近商船,长宽比为

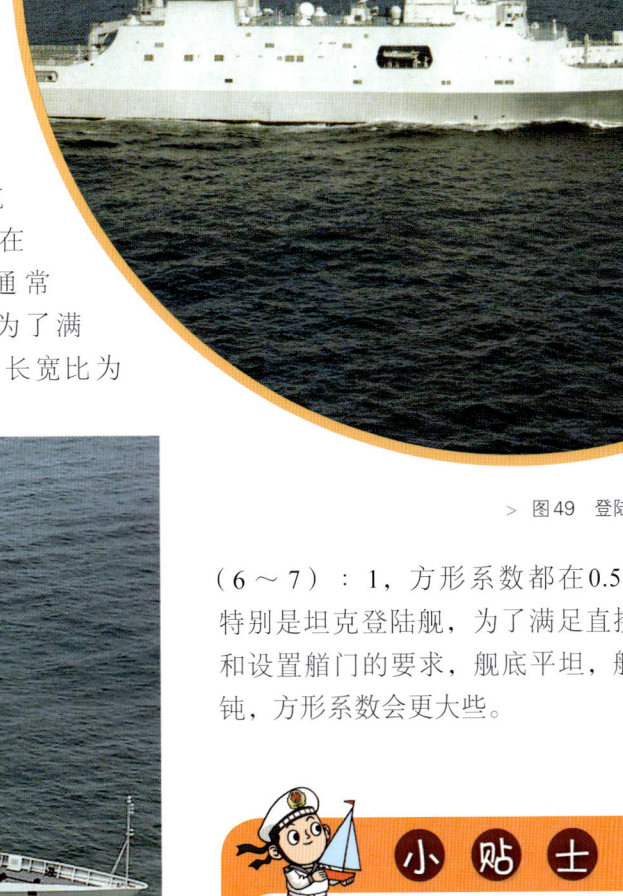

> 图49 登陆舰外形

(6~7)∶1,方形系数都在0.5以上。特别是坦克登陆舰,为了满足直接登滩和设置艏门的要求,舰底平坦,舰艏肥钝,方形系数会更大些。

方 形 系 数

方形系数是船舶设计参数,表达水线下船体的肥瘦程度,方形系数=排水体积÷(船长×船宽×吃水)。方形系数越小,说明水下船体越瘦长,反之则越肥胖。

能运输、能打仗

两栖战舰在打仗时可以输送登陆装备作战，和平时期也作用巨大，可以运送物资、撤侨、执行医疗救护任务等，这种在需要时可互相借用的关系称为"平战结合"。它要求两栖战舰在设计时应兼顾平时运输任务，如像英国近期的登陆舰、法国的轻型运输舰那样；同样，对战时可能征用的民船，则应对其提出某些军用性能要求，如美国的"国防特性"，并且在设计建造时就要求对它做好战时改装的方案，达到战时迅速改装的目的。

这种"平战结合"的关系，相互促进了这两类舰船的发展，如目前各国都在建造的滚装货船，最初就是从坦克登陆舰的设计概念引申出来的；另外，载驳货船的想法是从登陆艇运输舰来的。反之，在民船上一些先进设计又可被两栖战舰所吸收，如目前在有些登陆运输舰上设置舷门，就是接受了滚装货船的设计特点。

这种"平战结合"的关系，还意味着对一个国家登陆作战力量，不能只估计其专门的两栖战舰，还必须考虑到其民船力量，特别像俄罗斯这样的国家，民用航运也由政府经营，战时可直接征用。俄罗斯大力扩充滚装

> 图50 滚装船外形

第3章 两栖战舰的特性和关键技术

> 图51 登陆舰外形

船队，这可以被认为是储备登陆运输力量的一种手段。

两栖战舰一般不会单独在高危环境下使用，在实施登陆作战时有航母编队或其他水面舰艇为其提供掩护。因此，两栖战舰一般只配置近程火炮，两栖攻击舰在火炮基础上还会装备一些近程防御系统、鱼雷对抗措施等武器系统。

在各国现役两栖攻击舰中，美国的黄蜂级和美国级两栖攻击舰的自身防御能力是最强的，舰上安装了水面舰艇自防御系统（SSDS），通过综合和协调传感器以及防御武器，使其发挥各自最优战术性能，实现对反舰巡航导弹的自动化、快速反应、多目标交战能力。目前，SSDS Mk2型自防御系统已经融合了三种武器系统，分别是改进型"海麻雀"中程防空导弹、"拉姆"近程防空导弹和"密集阵"近防武器系统。黄蜂级和美国级两栖攻击舰在岛形建筑的前部和舰艉部各安装了一套改进型"海麻雀"中程防空导弹、"拉姆"近程防空导弹和"密集阵"近防武器系统，形成了中、近、末端三层密集的防空火力网，另外还有舰炮和机枪。在软杀伤方面，装有综合电子战系统和无源诱饵发射装置、舷外有源干扰装置。在反鱼雷方面，安装了"水精"鱼雷对抗系统。

其他国家的两栖攻击舰中，意大利"加富尔"号的自防御能力算是比较强

> 图52 美国黄蜂级两栖攻击舰上的改进型"海麻雀"中程防空导弹

> 图53 意大利"加富尔"号两栖攻击舰上的"紫菀"15近程防空导弹垂直发射装置

的,它装备了4座八联装"紫菀"15近程防空导弹垂直发射装置,备弹32枚;2门"奥托·梅拉腊"76毫米超速射炮,3门"厄利孔"25毫米舰炮;2座"布雷达"SCLAR-H 20管可旋转诱饵发射装置。

法国西北风级两栖攻击舰装备了2套"萨德拉尔"防空导弹系统,用于发射"西北风"近程防空导弹;还有2门30毫米舰炮和4挺12.7毫米机枪。

> 图54 法国西北风级两栖攻击舰装备的"萨德拉尔"防空导弹系统

第3章 两栖战舰的特性和关键技术

两栖战舰的装载大舱和通道

由于两栖攻击舰的主要作战目的是两栖作战，除利用直升机投送轻型兵力，以垂直/短距起降飞机提供空中支援外，还具有投送重型装备的能力，因此它设有存放登陆艇的坞舱、安置各种车辆的车辆库、停放飞机的飞机库等，还设有通往以上各舱的各种通道。

通道系统

通道系统主要包括两栖战舰上的舷门/舷跳板系统、艉门/艉跳板系统、斜坡板系统、升降机系统等。它的主要作用是保证人员、车辆、坦克以及（气垫）登陆艇等登滩装备和士兵快速有序地通行。

通道系统的各个组成部分根据装载、任务使命的不同而有不同的设计，通道系统是两栖战舰区别于其他舰艇的一个重要标志，是坦克、车辆战斗人员等能否快速出动、回收，能否抓紧、抓住战机的关键系统。

舷门/舷跳板

舷门是位于舰艇两舷侧装有铰链从中

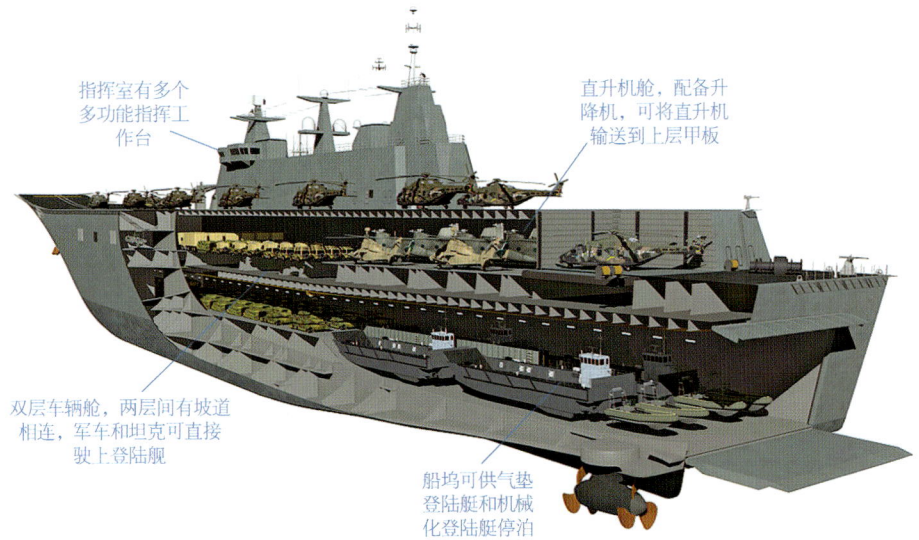

> 图55 法国西北风级两栖攻击舰剖视图

线面处开启的可关闭设备,当它关闭时构成舰艉的一部分。艏门的外形应与舰艏型线相一致,且具有与船体艏部结构相同的强度和刚度。艏门设置的铰链应处于同一轴线,铰链除支承艏门自重外,还应保证在航行时的强度和刚度。

艏门打开后,就可以看到内部的艏跳板。艏跳板是安装在舰船内依靠液压系统可伸出或收回的钢质跳板,可以是一节跳板,也可以是两节跳板。

并不是所有登陆舰艇都设有艏门,一般吨位较小的登陆艇为简化系统,并不设置艏门,艏部直接设艏跳板即可满足使用要求。

艉门/艉跳板

艉门/艉跳板是位于舰艉铰链式的密

> 图56　开启中的艏门/艏跳板

> 图57 关闭中的舯门/舯跳板

性关闭设备,放下时供两栖装备在水中上下舰用。与艏跳板不同,艉跳板仅设置一节跳板。

斜坡板

斜坡板分为活动式与固定式两类。活动式是连接上下两层甲板的铰链式活动跳板,斜坡板放下时构成甲板与甲板间供车辆通行用的通道,由斜坡板、驱动装置和紧固装置等组成。斜坡板的长度应使其放下后的坡度满足通行车辆的爬坡能力。斜坡板的宽度应满足车辆通行的最大宽度及防护板的宽度。如设有水密装置时,则应增加水密装置所需宽度,斜坡板面上还应设防滑设施。

> 图58 关闭中的艉门/艉跳板

> 图59 开启中的艉门/艉跳板

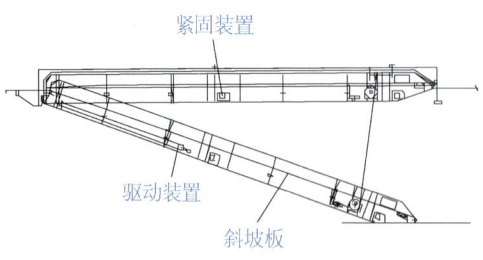

> 图60　韩国独岛级两栖攻击舰艉门打开

> 图62　坞舱端部的斜坡板

> 图61　斜坡板的构成示意图

> 图63　车辆输送坡道

升降机

升降机是满足舰上不同甲板之间装备运输的工具。舰上的升降机类似大楼里的电梯,根据运送的装备不同,有许多大小不一的规格及布置要求。

例如飞机升降机,它的主要作用是在机库和飞行甲板之间运送飞机,在布置上最重要的是方便飞机的调运。考虑到机库狭小,一般应尽量拉开距离,或左右或前后布置,两部升降机如果距离过近,会影响飞机的移动。

此外,还有将消防车从车辆库运送到飞行甲板的车辆升降机;运送弹药的弹药升降机;运送伤员担架的医疗升降机;将食品从粮食库垂直运送到五六层甲板之上的厨房食品升降机等。

意大利"加富尔"号两栖攻击舰装备了2部30吨的飞机升降机,前部为舷内升降机,长21.6米,宽14米;后部为舷侧升降机,采用折叠方式,长15米,宽14米。在两部飞机升降机的前后部还分别设置2部15吨的弹药升降机。此外,该舰还配备1部7吨的医疗和货梯升降机。

> 图64 意大利"加富尔"号两栖攻击舰上的升降机

> 图65　车辆正登上登陆舰

> 图68　后部升降机下降的状态

> 图66　舰内升降机

> 图69　操作升降机操作面板

> 图67　后部升降机上升到飞行甲板的状态

> 图70　舷侧升降机

第3章　两栖战舰的特性和关键技术

舱口盖

登陆舰舱面上的舱口盖打开后，舰上或码头上的吊车可将物资吊放进大舱内。

舷侧门、舷侧跳板

舷侧门或舷侧跳板是指在登陆舰的舷侧开口，设置舷侧门或舷侧跳板，当船靠码头时，直接打开舷侧门或舷侧跳板，就可以很容易地满足人员或装备物资上下船了。

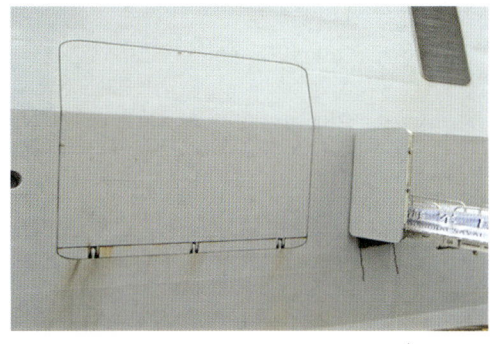

> 图71　舷侧门及舷侧跳板

> 图72　舷侧门

> 图73 舷侧跳板

> 图74 通往车辆甲板的右舷侧跳板（宽度比较狭窄）

> 图75 正在打开的舷侧跳板

坞舱

坞舱是两栖登陆舰有别于其他舰艇的一个重要舱室。坞舱内装载的登陆艇分为两类——常规排水型登陆艇和气垫登陆艇，两种登陆艇对坞舱设计均有特殊要求。

常规排水型登陆艇需要坞舱具有沉浮功能，通过一定的技术措施，控制舰体下沉、坞舱进水、浮起登陆艇，使装载坦克、装甲车的登陆艇能够自由进出母舰。

气垫登陆艇虽不需要大量海水进入舰体，但气垫登陆艇的上舰给坞式舰船带来了新的技术难题：气垫登陆艇大功率动力装置在坞舱内启动，引起的高温、高烟气、高噪声是影响舰上人员健康和设备使用的三大因素，需要采用环境控制措施。坞舱需要具备良好的通风能力，降低二氧化碳和二氧化硫等有害气体在舱内的浓度，为舱内操作人员提供新风。坞舱环境

> 图76 鹿特丹级船坞登陆舰坞舱浸水状态

第3章 两栖战舰的特性和关键技术

> 图77 一艘登陆艇正驶入坞舱

> 图78 气垫登陆艇进入母舰坞舱

控制技术是两栖攻击舰的关键技术之一。

坞舱通风根据不同装载工况的需求，设有不同的通风模式。例如，装载气垫登陆艇和小型登陆艇时，坞舱通风需满足艇在舱内暖机并备车进出母舰的通风量要

沉浮功能

沉浮功能是指通过让母舰压载水舱进水的方法使其下沉，当下沉到坞舱地板低于海平面后，海水自动流进坞舱，浸水深度达到一定值时，登陆艇便可自由进出母舰坞舱，然后又通过排出母舰多余压载水的方法使母舰上浮，当上浮至坞舱地板高于海平面时，坞舱内的水全部流出，这才算完成一次沉浮作业。由于坞舱浸水后存在大面积自由液面，这些液体在坞舱内也会形成波浪，前后左右晃荡时会增加母舰运动幅度，降低稳性。因此，须配备能实时监测母舰进行沉浮作业时稳性数据的装置。

求；装载坦克或车辆时，坞舱通风要满足多辆车在舱内同时启动备车的需求；装载人员时，更要满足环境的舒适度，保证人员的安全。除此之外，还要考虑码头装载和转运过程的通风换气。

不同的通风模式下，坞舱需要的通风量、舱内风速、进风/排风口位置都各不相同。为同时满足各通风模式的要求，需要对坞舱内部风口的位置、风机型号等进行优化配置，以加强大空间气流组织，提高车辆在备车时有害气体成分的排出速度。

当气垫登陆艇在坞舱内启动暖机或移动时，发动机通过气垫登陆艇排烟口将燃烧后的高温废气直接排至坞舱内，其排气温度较高，因此需采取措施保护坞舱内的设备、电缆、灯具、管路的安全。

> 图80 西班牙胡安·卡洛斯级两栖攻击舰的坞舱

车辆库

车辆库是两栖登陆舰有别于其他舰艇的另一个重要舱室。车辆库是存放各种轮式车辆或履带式坦克的舱室。

> 图79 韩国独岛级两栖攻击舰坞舱

第3章 两栖战舰的特性和关键技术

> 图81 法国西北风级两栖攻击舰的坞舱

> 图82 车辆库内部存放履带式坦克

> 图83 舰上人员正在指挥车辆驶入指定位置

> 图84 车辆库内部存放轮式车辆

第3章　两栖战舰的特性和关键技术

两栖战舰车辆库中装载的车辆或坦克的重量轻则数吨，重则数十吨。当两栖战舰在风浪中航行时会出现上下颠簸、左右摇摆的情况，此时车辆库里装载的车辆或坦克必须有安全可靠的系固方式，才可以将几十吨的重物牢牢拉住，固定在甲板上。

车辆库地板上有一排排的十字凹形槽，这些十字凹形槽专业名叫系留穴。通常用的系固方式就是用一根系留索的两端将车辆上的系留环与甲板上的系留穴连接，一辆车或坦克的安全系固少则需要4根系留索，多则需要十几根系留索。

车辆库与坞舱一样也要考虑通风问题，同时还会设置加水口、加油口及充电口，能在一定程度上保障车辆的正

> 图85　重型车辆物资库

> 图86　士兵们正在车辆库内接受指令

常运行。

 机库与飞行甲板

两栖攻击舰较常规登陆舰艇增加了飞机起降的使命要求，机库与飞行甲板是两栖攻击舰有别于其他舰艇的另一个重要功能舱室。其他舰艇也会有小型机库与直升机甲板，但它们与两栖攻击舰比起来，那真是小巫见大巫。

由于海洋级两栖攻击舰主要用于搭载直升机，因此飞行甲板首端不设置类似于航母所需要的滑跃式甲板。

> 图88　从舰艏向舰艉方向望去的直升机机库

> 图87　美国黄蜂级两栖攻击舰的飞行甲板（右下角为 Mk 29 "海麻雀" 和 Mk 49 "拉姆" 导弹发射装置）

第3章 两栖战舰的特性和关键技术

> 图89 英国海洋级两栖攻击舰的飞行甲板（一）

小贴士

滑跃式甲板和直通式甲板

　　滑跃式甲板由英国人发明，多用于中小型航母飞行甲板。它是不能用弹射器的，因为这种甲板有上翘弧度，以保证飞机从斜升12度左右的甲板起飞，如我国的"辽宁"号航母用的就是典型的滑跃式甲板。

　　另一种飞行甲板区别于它的是美式的弹射甲板（安装蒸汽弹射器），又称直通式甲板。顾名思义，直通式甲板首先是"直"的，其次是前后"通"的，这种甲板载机数量比滑跃式甲板多，所以目前绝大多数航母或两栖攻击舰采用直通式甲板。但由于直通式甲板无法像滑跃式甲板那样利用上翘的甲板为舰载机提供起飞加速，所以必须使用弹射器来帮助舰载机在短距离内起飞。

> 图90 英国海洋级两栖攻击舰的飞行甲板（二）

> 图91 弹射起飞

第3章 两栖战舰的特性和关键技术　63

> 图92　西班牙胡安·卡洛斯级两栖攻击舰的飞行甲板

　　通常两栖攻击舰的机库可以存放数十架直升机或其他类型飞机,为了满足直升机装备在机库和飞行甲板之间的垂直转运,一般配置前飞机升降机和后飞机升降机。这两部升降机同样可以用于物资(如集装箱)在机库和飞行甲板之间的垂直转

> 图93 西班牙胡安·卡洛斯级两栖攻击舰俯视图

> 图94 西班牙胡安·卡洛斯级两栖攻击舰的滑跃式甲板

> 图96 西班牙胡安·卡洛斯级两栖攻击舰的机库

> 图95 甲板上工作人员正在指挥直升机

> 图97 日本出云级直升机驱逐舰

运，是物资在机库和飞行甲板之间垂直转运的重要通道设备。

一般飞行甲板有数个停机位，大一些的两栖攻击舰拥有的停机位多些，飞行甲板停机位的多少直接影响两栖攻击舰的作战能力。

目前，日本最先进的大型战舰是出云级直升机驱逐舰。该型舰的配置也同样类似两栖攻击舰，甚至还配有两栖攻击舰不具备的海上补给能力，舰艉设有燃料纵向

> 图100　停放于机库的SH-60K反潜直升机

补给装置，多任务能力极强。

舰载机是践行"垂直登陆"的主体，一艘大型两栖战舰所能携带的舰载机数量在某种程度上决定了该舰快速出击的能力。因此，飞行甲板和机库是全舰最重要的装载平台之一。

不论是飞行甲板还是机库，都必须要像车辆库一样在地板上设置十字凹槽的系留穴，以便于当母舰在风浪中航行时，舰载机仍能被安全系固。

> 图98　舰载直升机起飞

> 图99　停放于甲板的舰载直升机

小贴士

出云级直升机驱逐舰

日本出云级直升机驱逐舰虽然定义为驱逐舰，但其实际配置更趋向于一艘两栖攻击舰。它采用与两栖攻击舰相同的边岛式上层建筑与飞机起降甲板，甲板上可同时起降5架大型直升机。

> 图101 法国西北风级两栖攻击舰上搭载的"虎"式和"小羚羊"式武装直升机

> 图102 飞行甲板上的直升机正在装填弹药

第3章 两栖战舰的特性和关键技术

> 图103 "小羚羊"式武装直升机从西北风级两栖攻击舰上起飞

小贴士

反潜直升机

反潜直升机，顾名思义是用来侦察和攻击敌方潜艇的直升机，分为岸基反潜直升机和舰载反潜直升机。SH-60K反潜直升机是搭载在两栖攻击舰上的，属于舰载反潜直升机。它能携带反潜鱼雷、深水炸弹等武器，装有雷达、吊放式声呐或声呐浮标等探测设备，能在短时间内搜索较大面积的海域，准确测定潜艇位置。旋翼可以折叠，便于在机库内停放；在甲板上时，旋翼展开。虽然舰载反潜直升机的反潜能力优于舰艇，但续航时间短，受气象条件等因素的影响较大。

两栖战舰的关键技术

两栖战舰作为一种特殊的水面作战舰艇，不仅具有水面舰艇的一般特征，更由于其特殊的装载及登退滩能力，使其又具有很多区别于其他舰艇的本质特征，而与之紧密相关的特殊系统的技术总和即构成两栖战舰总体设计关键技术。

大型两栖战舰特殊结构技术

大型装载舱的结构设计技术是大型两栖战舰区别于常规舰船的关键技术和设计难点。大型装载舱不仅占据了舰上大部分空间，其布局和设施还必须能保障各种兵力和装备的有序调运和互不干涉。同时，为保障直升机、登陆艇、坦克的调运畅通性，大型装载舱呈现出大跨度、无支柱的长通舱结构特点，长通舱舰体梁总振动特性，以及与大跨度板架的耦合振动问题、典型结构端部应力集中问题、节点疲劳问题较常规舰船更为突出。

以下介绍几种典型的特殊结构形式。

舷侧大开口结构

舰体侧面开有好几个大洞，这种舷侧开的大洞（即舷侧大开口）会引起剖面突变，船体梁纵向和垂向结构不连续，引起应力集中，容易发生船体变形和撕裂，所以在大开口周围需要进行结构特殊加强。

> 图104 两栖战舰关键技术

两栖战舰关键技术：
- 大型两栖战舰特殊结构技术
- 沉浮技术
- 通道技术
- 登陆装备调度管理技术
- 登陆装备一体化保障技术
- 装载舱环境控制技术

> 图105 舷侧大开口结构

第3章 两栖战舰的特性和关键技术 | 69

> 图106 不对称舷台结构

舷台结构

飞行甲板为最大程度满足飞机起降，武器平台及飞机转运平台通常需布置在舷外。由于舷台自由端下没有舱壁支撑，形成悬臂梁，为保证悬臂梁在恶劣天气或高海况导致的颠簸情况下不发生撕裂，需进行结构特殊加强。

艏部外飘结构

为尽量增大飞行甲板跑道长度，飞行

 小 贴 士

长通舱

长通舱是指整个舱室无支柱，该类型舱对船体结构要求高。因为船在海上航行时，受波峰、波谷影响，时刻呈现出中拱或中垂状态，如结构强度不过关，会发生船体撕裂等现象。

> 图107 舰部外飘结构

甲板需向船艏延伸，导致艏部外板线型扁平，外飘很大。这种结构会受到较大的波浪砰击载荷，因此须对该区域结构进行特殊加强。

 沉浮技术

沉浮技术是针对船坞登陆舰沉浮作业及安全等方面的问题，分析评估沉浮作业过程的稳性、强度动态变化过程，研究系统配置和安全操作策略，达到优化沉浮系统设计和提高作业安全性目的的技术。

沉浮系统安全可靠运行是两栖战舰执行使命任务的重要保障，开展相关研究对提高沉浮作业效率和操作安全性，提高登

第3章 两栖战舰的特性和关键技术

> 图108 美国塔拉瓦级两栖攻击舰沉浮回收通用登陆艇

陆作战能力，具有重要的意义。

沉浮技术是大型两栖战舰所特有的，为了实现舰到岸的登陆模式，大型两栖战舰必须要具有坞舱下沉的功能，即通过压载水舱进水的方法使母舰下沉，当坞舱地板低于海平面后，海水自动进入坞舱，当坞舱的浸水深度达到一定值时，排水型通用登陆艇可以进出母舰坞舱。虽然气垫登陆艇不像排水型登陆艇必须要有大量水才能进出坞舱，但如果母舰坞舱地板离水面太高，也不能使气垫登陆艇顺利进出，因此还是需要舰体适当下沉。

当登陆艇已经开进坞舱后，母舰需要通过排出压载水舱多余的海水，使其上浮，直至坞舱地板高于海平面，海水全部排出后，此时才是完成一次完整的沉浮作业。

通道技术

通道技术是采用图形规划、仿真分析、模型试验等技术手段，分析通道布

> 图109 美国塔拉瓦级两栖攻击舰沉浮回收气垫登陆艇

局、通道配置的合理性，提出通道系统适装性要求，实现两栖作战装备高效安全装卸、出动、调运目的的一种技术。

用于两栖战舰通道系统（随着两栖战舰向大型化发展，通道设备类型也从单节艏跳板和大舱口盖，发展到了艏门/艏跳板、舷侧门/舷侧跳板、艉门/艉跳板、斜坡板、飞机升降机、舱壁门、大舱口盖等）的设计优化，以提高物资和装备的装卸能力，登陆装备出动、回收能力，以及兵力投送能力。

美国黄蜂级两栖攻击舰装备有2部飞机升降机，1部在舰右舷靠近舰艉的位置，1部在舰左舷中部，均布置在舷侧。

升降机主要依靠液压驱动，在长方形升降区域的四个端点处各有一个升降支撑杆，即使在海况较高、舰船摇摆运动幅度较大的情况下，依靠这四个升降支撑杆也可以很平稳地将飞机上下自如地搬运。

第3章 两栖战舰的特性和关键技术

登陆装备调度管理技术

登陆装备调度管理技术是实现通用登陆艇、气垫登陆艇、坦克、自行火炮、车辆登陆战装备及舰载直升机在两栖战舰舱内合理装载、合理流动，达到快速上下舰的技术。

它用于协助指挥员完成登陆装备在两栖战舰舱内出动、回收、储运、供应、维修支援时的指挥和监控，优化作业流程，

> 图110 舱内飞机升降机

> 图111 艉部飞机升降机

> 图112 通用登陆艇

> 图113 气垫登陆艇

> 图114 两栖装甲突击车

> 图115 舰载直升机

第3章 两栖战舰的特性和关键技术　75

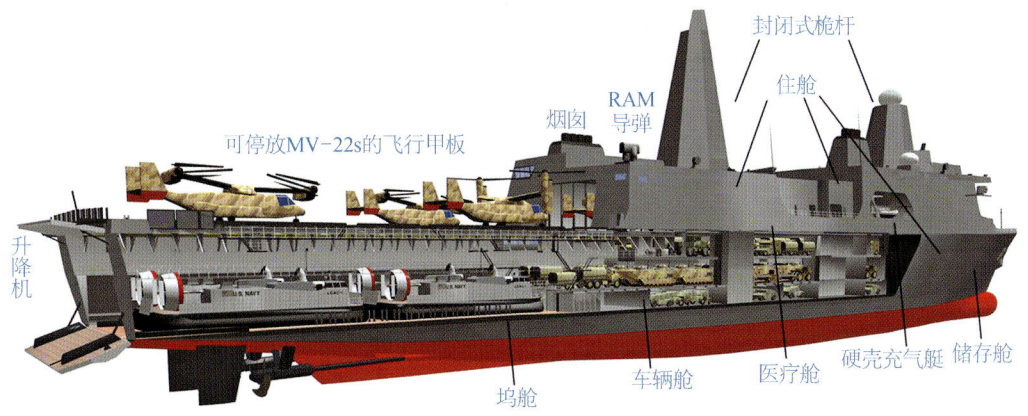

> 图116　可均衡装载的多用途两栖船坞运输舰

提高指挥、作业的自动化和信息化水平。

装载对象主要为通用登陆艇、气垫登陆艇、两栖战车、舰载直升机。

 登陆装备一体化保障技术

针对两栖战舰的均衡装载、一舰多用和一体化保障的设计理念，需要两栖战舰完成装载通用化，即"什么都能装"。

20世纪中后期，国外两栖战舰普遍采用通用化、模块化和一体化设计技术，这些设计理念对提高装载能力、多样化任务能力和快速辅助保障能力都起到了非常重要的作用。

 装载舱环境控制技术

两栖战舰中的机库、车辆舱和坞舱等装载舱内的直升机、气垫登陆艇、坦克、车辆等上舰装备，在装载舱内停放、备车、出动、回收时会产生大量有害气体，特别是气垫登陆艇进出坞舱时，排气管还会排出高温气体，如何快速降温，快速排出有害气体，快速输送新鲜空气，确保装载舱内装备、物资和人员的安全是装载舱内环境控制的主要目的。

> 图117　法国西北风级两栖攻击舰机库环境

西北风级两栖攻击舰坞舱内铺设木制地板，以缓解装载登陆艇时对坞舱地板的冲击力。坞舱顶部的管道铺设也尽量集中，并避开气垫登陆艇进出时排气管所经过的区域。

黄蜂级两栖攻击舰的车辆库地板上装有系留穴，满足多种车辆系留需要，可减少车辆在两栖战舰航渡过程中的颠簸。

> 图118 法国西北风级两栖攻击舰坞舱环境

> 图119 美国黄蜂级两栖攻击舰车辆库

> 图120 美国黄蜂级两栖攻击舰坞舱

第4章
中国两栖战舰

两栖战舰研制是个系统工程，与国家经济实力、科技发展、建造水平密切相关。中国两栖战舰经历了仿制、自行研究设计等阶段，从小到大，从弱到强，由平面登陆型向立体登陆型、由近海输送型向远海投送型、由单一功能型向多功能型转变。

艰难的初创期

1947年6月，国民党一艘坦克登陆舰从青岛驶往上海，途经扁担港口南岸附近，因不熟悉当地海域的水文条件而触底搁浅。解放军盐阜海防大队得知后，派出两个排兵力赶到，闻讯而来的中共阜东县华城区所属周边25个

> 图121 解放区的登陆艇

> 图123 解放军第一艘登陆艇（二）

> 图122 解放军第一艘登陆艇（一）

> 图124 解放军第一艘登陆艇（三）

第4章　中国两栖战舰

> 图125　中国人民解放军海军诞生地（位于江苏省泰州市）

乡的1 000多民兵也及时赶到，将这艘登陆舰缴获，成为中国共产党领导的海上武装第一艘正规军舰。

　　二战结束后，中国国营轮船招商局为了快速恢复战争中损耗的运力，购买了一批美国海军退役的LST坦克登陆舰和LSM中型登陆艇，改造为客货船使用，分别以"中""华"字头加数字编号命名，"中102"舰就是其中之一。1949年该船被国民党军方征调，成为军运船舶，承运国民党伞兵第三团。该团团长于1949年加入中国共产党，副团长和通信官是共产党地下党员，共同谋划，宣布起义，并向中共中央主席毛泽东、解放军总司令朱德发致敬电。"中102"舰成为人民解放军当时拥有的第一艘美制LST登陆舰。

　　1949年，华东军区海军创建初期，舰艇装备主要来源于接收国民党海军起义、投诚以及被中国人民解放军俘获的舰艇，这些舰艇大多比较陈旧且数量少，登陆舰艇仅有缴获来的数十艘，性能上也远远不能满足海军的需要。

　　新中国成立初期，国民经济尚在恢复，国家财力有限，科技力量、工业基础薄弱，为满足解放沿海岛屿和国民经济建设需要，当时采用方法，一是抢修国民党遗留下的旧舰，二是改装民船和渔船，三是仿制小型登陆艇。

　　1954年，中央决定解放一江山岛，并于11月24日在上海人民大舞台召开修船大会，要求上海各船厂抢修登陆艇。

　　1954年冬天，上海遇到百年罕见的寒冬，浦江两岸大雪纷飞，朔风凛冽，工人不顾江水寒冷刺骨，跳入齐腰深的黄浦江浅滩中，用铁锹铲除登陆艇舱内淤泥，并堵塞漏洞，把侧卧在浅滩上的旧艇复位，等涨潮时把登陆艇拖到工厂，经过10余天的努力，共征集找到近百艘登陆艇。

> 图126　冲上海滩

> 图127　登陆海岛

修复旧艇外壳还较容易，修主机就更难了。近百艘登陆艇的内燃机要修复，缺技术工人，上海市政府就从有关工厂抽调。试车时因天气太冷无法启动，工人就找木材烧热水灌入主机箱内，协助发动内燃机。工人了解这些登陆艇是解放一江山岛急需的装备，纷纷写下决心书，为支援前线，决心不分昼夜把旧艇抢修好。在陆家嘴抢修登陆艇的工人见到船台已停满要修的登陆艇，急中生智地将桩木放在附近浅滩上，利用大潮引入船舶，使来船在退潮后落在桩木上进行偏滩修船。工人不分昼夜地躺在冰冷的滩地上敲铲船底油漆，焊接裂缝，厂领导夜巡见状后，心痛得流泪，赶紧找草袋垫在工人背下。

抢修中有的船厂缺大型吊车，兄弟厂立刻支援。一次因吊车超高超宽被交警扣住，工厂非常焦急，情急之下找到上海市政府。市政府值班人员得知事关部队作战，即领他们找到时任上海市委副书记兼上海市副市长的潘汉年。潘副市长了解情况后，马上打电话给市公安局，并说工厂有什么困难尽管提，市政府会大力帮助。当他们从市政府赶到公安局，公安局已为他们办好特别通行证。上海市政府还从其他工厂调集多台电焊机和百多名油漆工，支援造船厂的舰艇抢修工作。

在抢修"沂蒙山"号和"辽河"号大型登陆舰时，因主机损害厉害，必须全部翻修，按原计划需要40天，但是内燃机工厂打破常规，提前3天完成任务。

在50多天时间里，造船厂修复了上百艘登陆舰艇，为解放一江山岛提供了装备保障。

在检修旧艇的同时，又开始仿制小型登陆艇设计建造。50吨级登陆艇是我国仿制的第一批产品，其特点是可在无设施的

> 图128　50吨级登陆艇

第4章 中国两栖战舰

码头、滩头装卸货物，解决早期驻岛部队运输问题。

在仿制50吨级登陆艇基础上，又完成了某甲型登陆艇建造，该艇可搭载步兵数量比50吨级登陆艇增加数倍。仿制使科研人员和造船工人了解了登陆艇设计和建造过程，为其后我国自行设计建造登陆艇积累了经验，锻炼了队伍。

小型登陆艇

小型登陆艇是我国最早开始自主研制的登陆艇，20世纪50年代开始至今，已历经三代。在装载量相同的前提下，登陆艇的航速由最开始的不到10节提高到18节，装载甲板强度及装载舱尺寸更强、更大，能满足体型及重量更大的装备上艇。

 **第一代登陆艇——由仿制到独立设计建造**

两栖战舰作为国之重器，其核心技术是买不来的，必须自己研制。

我国独立设计建造的第一艘登陆艇——50吨级登陆艇，于1954年8月19日建成。该艇为钢质艇体、内燃机双轴推进的小型登陆艇。其艇艏部为露天大舱，设可收放式艏门，建造中采用生产流水作业线和整船吊运下水新工艺，建造质量和进度均达到船东要求。

苏联专家认为该艇在质量上完全可以与苏制产品媲美，并向造船厂采购该艇，说明登陆艇在建造技术和工艺水平上已经达到了相当水平。这型自主设计建造的登陆艇鉴定后进行多次改进，共建造了约百艘，其中还支援了其他国家几十艘。

小贴士

50吨级登陆艇

50吨级登陆艇是指该艇的设计装载量为50吨，并不是其排水量（装载量是船能装50吨的货，排水量是船在装好货以后加上船本身重量的总重）。

该型登陆艇在解放沿海岛屿和海岛运输中发挥了重要作用,但载重量小、航速低,性能上不能满足部队需求。

为解决沿海岛屿与大陆之间的物资运输,1959年我国开展自主研制坦克登陆艇。该坦克登陆艇是我国研制的第一艘装载坦克的登陆艇,当时可供参考资料少,科技人员又缺乏船宽吃水比大的船的设计经验,特别是我国当时整个国民经济及造船工业尚处恢复和起步阶段,设备配套困难。科技人员克服困难,广泛收集国外同类登陆艇的有关资料,攻克艏吊桥建造和安装等技术难关,严格控制总体重量。

该型坦克登陆艇是我国20世纪50—60年代自行设计较为成功的沿海登陆艇,结构简单、造价低廉。首艇建成后经试验,该艇在装载性能、续航力、回转性和操纵性等方面达到了技术任务书的要求,深受部队欢迎。该型艇先后建造300多艘,是我国建造数量最多的一型登陆艇。

1954—1962年,短短的8年时间里,我国先后研制了5个型号的登陆艇,并依靠自己研制的沿海登陆艇保证了平时勤务任务的正常执行,初步具备了近岸的两栖输送能力。其中,150吨级登陆艇是这一时期的杰作。该艇冲滩范围大,在离岸边一定距离处抛下艉锚,登陆艇以余速冲向滩头,在退滩时艉锚能提供一定的反向作用力,让登陆艇退滩速度加快。

20世纪60—70年代,先后优化设计建造了100吨级和130吨级的改进型登陆艇。这两型登陆艇选用新主机,采用平头压浪船型,在船体结构上进行了加强,从而扩

> 图129 坦克登陆艇

> 图130 150吨级登陆艇

> 图131 小型登陆艇

两栖战舰

> 图132 100吨级登陆艇

> 图133 130吨级登陆艇

大了使用航区，提高了航速和自给力、续航力。

第二代登陆艇——增加装载量，提升航速

随着社会的发展，对登陆艇的装载量和快速性有了新的要求。早期建造的小型登陆艇的装载量和自身性能已显落后，且有很大一部分舰艇已达到了使用寿命，于是又在第一代登陆艇的基础上设计、建造了第二代登陆艇。

这阶段登陆艇多为浅V形方尾船型，这是一种特殊的登陆船型，艏部为V形，可以在航行过程中劈开水面，减小阻力，提高航速。它采用钢质船体结构，双机双桨推进，适航性好，操纵灵活。艏部设置登陆大舱，艏门兼作滚装跳板，配备大抓力艉锚，适宜在3～5度的岸滩直接抵滩登陆，能使重型装备及车载物资滚装滚卸。

第二代登陆艇装载量、整体性能较前期设计建造的登陆艇都有很大提高，主要体现在由于工业水平发展，登陆艇可使用的主发动机功率更大、体积更小、重量更轻，为提高舰艇航速、增加装载空间提供了坚实的基础。第二代登陆艇的最大航速可达14～15节。

该阶段具有代表性的某型登陆艇，艇

> 图135 具代表性的第二代某型登陆艇

> 图134 第二代登陆艇

> 图 136　采用双船艏和前后纵通甲板的改进型登陆艇（一）

> 图 137　采用双船艏和前后纵通甲板的改进型登陆艇（二）

第4章 中国两栖战舰

> 图138 第三代登陆艇

体前半部分为装载舱，后部上层建筑内为工作生活区域，下方为机舱等设备舱。

第二代登陆艇中有一型采用独特的双船艏和前后纵通甲板设计。该型登陆艇突破传统布局，全新的直通式甲板一直贯穿至艇艉，舰桥位于艇体右侧，艇艏设有与甲板等宽的跳板，装载的重型登陆装备可以直接通过跳板登陆上岸，并且由于没有传统遮蔽式坦克大舱，高度方向无限制，可以方便地装载大尺寸重型装备。

第三代登陆艇——能装载新型陆战装备，进一步提高航速

随着技术的不断发展和我军装备的不断更新换代，陆战装备变得更重、更高、更大。原来的登陆艇无论是甲板强度还是通道宽度，都无法满足新型陆战装备的装载要求，因此必须根据体型及重量更大的陆战装备设计更先进的登陆艇。

第三代登陆艇的航速较第二代登陆艇有了进一步提高，满足了航渡编队对舰艇航速的要求，为提高两栖登陆输送能力

敞开式装载甲板

艏部的装载大舱为敞开式。装载大舱上方没有任何遮挡物，这样在运送货物或装备时因为装载大舱没有天花板的限制，可以运送高度比较高的物体。当然，也不可以太高，因为不能遮住后面驾驶室的视线，不然开船就会有危险。事实上对所有在海域里航行的船舶，其"驾驶室视线"都有严格的规定：要求从驾驶室向前望出去的盲区必须小于一倍船长距离。

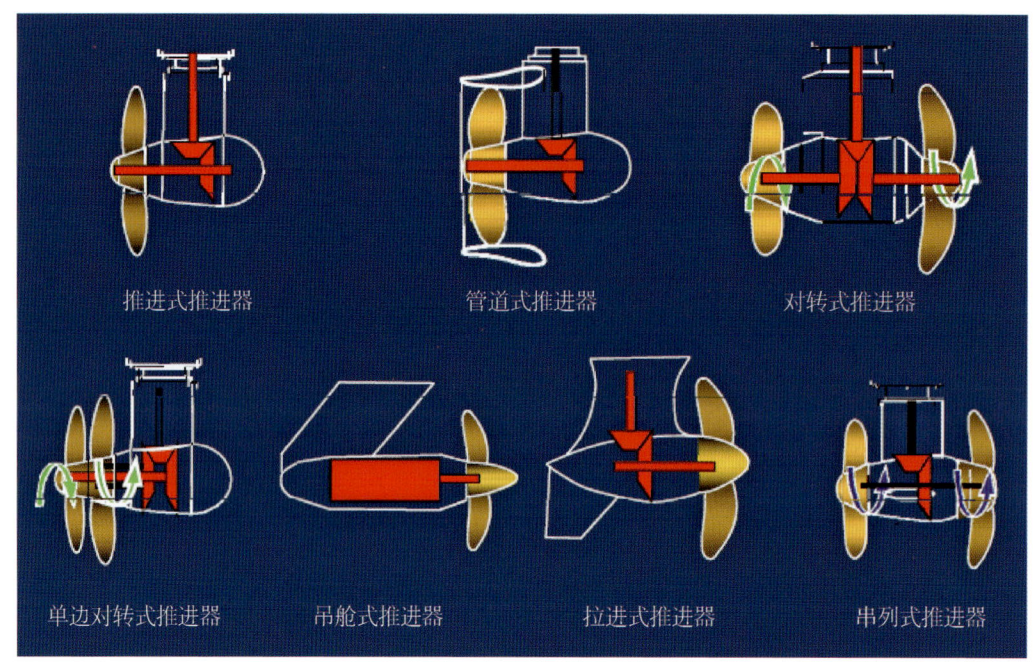

> 图139 各种全回转舵桨装置

提供了保障。同时装载量大幅提升，由于采用新颖的敞开式装载甲板，装载面积增大，装载方式更灵活，便于滚装物资和装备的快速装载、卸载。

在推进形式上，采用了独特的全回转舵桨装置，使得该登陆艇具备了更为灵活的操纵能力，甚至可以在低航速下原地回转。

全回转舵桨是将传统的螺旋桨及舵合二为一的装置，其中最先进的对转式全回转推进器可回收螺旋桨尾流损失的能量，能节省约20%燃油消耗量。

> 图140 对转式全回转推进器

第4章 中国两栖战舰

中型登陆舰

我军已有的登陆艇由于吨位小、装载能力不足、自身技术水平低、防御能力差等问题，20世纪60年代中期开始研制中型登陆舰，用于填补我军大型登陆舰和小型登陆艇之间的空白。

中型登陆舰比小型登陆艇吨位大，在快速性、总体布置上有较大提高，具有结构简单、使用方便、造价低廉、航速增

> 图141 中型登陆舰（一）

> 图142 中型登陆舰（二）

大、续航力强、装载能力强等特点，一次可以装载多辆主战坦克。同时，舰上还配备了小口径舰炮，增强了自主防空及对海防御能力。

20世纪90年代，随着我国科学技术的发展和相关技术的突破，研制了改进型中型登陆舰。该舰的特点是：阻力低，航速高，登陆、退滩性能好，设备简单，造价低。该舰的成功研制满足了当时海军的急需，充实了海军的登陆力量，保证了南沙岛屿之间与西沙群岛的物质供应，为保卫祖国、建设海防做出了贡献，在人民海军装备发展史上具有重要意义。该中型登陆舰的成功研制，标志着我国登陆舰艇的研制达到了较高水平。

第4章 中国两栖战舰

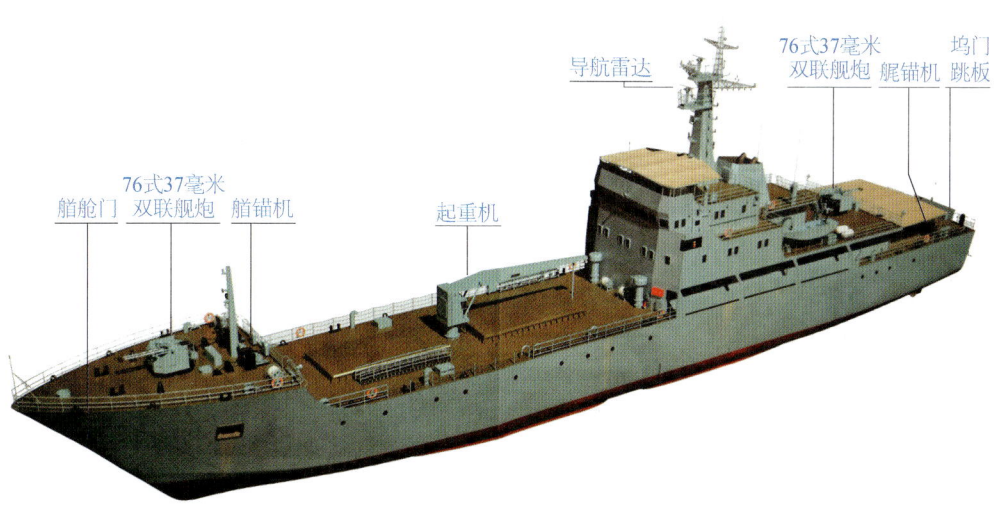

> 图143 改进型中型登陆舰（一）

两栖战舰

> 图144 改进型中型登陆舰（二）

大型登陆舰

1975年5月3日，毛泽东主席对海军做了重要批示："海军要搞好，使敌人怕。"5月20日，毛主席又对当时海军领导的报告做了批示："同意，努力奋斗10年达到目标。"随后，海军和第六机械工业部向国务院、中央军委作了《关于海军舰艇10年发展规划的请求报告》。根据毛主席的批示，海军正式

第4章　中国两栖战舰

> 图145　第一代大型登陆舰

中、小型登陆舰适用于近海防御作战，但不具备中、远程作战能力，而且吨位小、功能单一，自身防御能力和续航力有限，不能满足维护国家领海的需要。

相比中型登陆舰，大型登陆舰不仅排水量和装载量加大，更重要的是，它配有前后纵通的装载甲板及艏艉跳板，可以实现两栖装备从艉跳板上舰，从艏跳板进行泛水作业。

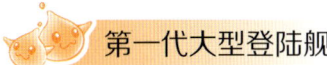

第一代大型登陆舰

登陆舰艇需要良好的登滩性能，艏吃水越小，登滩的适用度越广；龙骨坡度越小，登滩性能越好。但这些要求却限制了下达了大型登陆舰的研制任务。

登陆舰的快速性，使舰的阻力较常规水面舰艇阻力增大。为了能解决好两者之间的矛盾，设计团队围绕着装载量快速性与登退滩等主要性能指标进行研究，在调研、论证基础上，充分发挥设计、建造、使用三个部门的积极性，对船体艏部线型、总

泛水作业

泛水作业是指登陆舰无需登陆抵滩，在海上打开艉门，使可泛水的两栖装备通过登陆舰的艉门直接在海面上下舰的作业。

体布置、推进以及艉门、吊桥等各方面进行改进和创新，做到了技术上有继承、战术性能上有提高。按照立足国内、立足现有、立足适用的原则，采取提高主机功率、改进艏部线型等措施，使航速达到了世界先进水平。

该大型登陆舰在我国登陆舰的发展史上第一次设计出23.5度进水角的尖瘦登陆舰艏部线型，大幅降低了航行阻力。

第一次研制了国内首创的双节液压折叠式长跳板，减缓坡度，降低了装甲兵力的涉水深度。

第一次研制60吨液压艉锚机和25升的内曲线液压马达，填补了国内空白。

第一次选用了国产的大功率二冲程中速柴油机作推进动力，改进了低负荷性能。

第一代大型登陆舰登陆性能好，装得多、冲滩高、登得牢，航速和登陆性能达到当时世界水平，它的成功研制不仅充实、壮大了我海军登陆装备的力量，而且大大提高了海军在两栖战斗中一次投送部队的能力，使我国登陆舰船的水平登上了一个新台阶，标志着我国海军登陆装备、科研设计、生产制造上又达到了一个新高度。该舰于1985年荣获国家科技进步一等奖。1992年11月21日，时任中共中央总书记、中央军委主席江泽民视察海军驻沪部队时，为该舰题词："加强海军建设，固我海上长城。"

> 图146 第二代大型登陆舰（一）

第4章 中国两栖战舰

> 图147 第二代大型登陆舰（二）

第二代大型登陆舰

第二代大型登陆舰继承和发展了第一代大型登陆舰的优点，并在登陆性能方面有所突破，实现了"升级换代、一次成功"的目标。它的诞生标志着我国第二代大型登陆舰艇已跨入世界先进行列。

新型舰在以往的基础上增加了舰体长度、宽度和吨位，装载能力也有增强，舰艉部增加了直升机起降平台，具备一定的直升机搭载能力，可进行部分垂直登陆作战。从这一点上可以看出，中国海军已开始对现代立体登陆以及西方盛行的"超地平线登陆模式"的两栖作战方式进行初步探索。

《简氏年鉴》称：该舰是在原大型登陆舰基础上的加强版，增加了飞行甲板，以满足直升机升降。

进水角和双节液压折叠式长跳板

进水角是指从船舶产生横倾到上甲板边缘开始进水时产生的横倾角度。进水角大，则抵抗外力矩的能力大，但阻力也大。

双节液压折叠式长跳板是由液压油缸驱动的可折叠可伸直的两节跳板，两节跳板总长17米。

> 图148 第二代大型登陆舰舱内坦克

> 图149 第二代大型登陆舰（三）

第4章 中国两栖战舰

第三代大型登陆舰

第三代大型登陆舰在我国两栖战舰的发展过程中是具有突破性的,其装载能力、航速、适航性、舰载火力、续航力等与国外同类舰相比都毫不逊色,某些性能甚至还处于领先地位。

与以往海军所装备的登陆舰相比,第三代大型登陆舰虽然在整体舰型上仍然采用常规登陆设计,但却有很多独到之处:

(1)舰内坦克大舱设计为全通式,并增加了舱内空间,以满足新一代重型装备的装载要求。

(2)艏艉均设跳板,这不仅有利于装载时的重心调整,还可以使两栖车辆同时从艏艉两端上下,对于提高装备出动、回

> 图150 第三代大型登陆舰(一)

> 图153 "昆仑山"号船坞登陆舰

第4章 中国两栖战舰　　103

> 图154　前视图

> 图155　艉视图

水面舰船隐身性

　　水面舰船隐身性主要包括雷达波隐身、声隐身、红外隐身以及其他物理场隐身。雷达波隐身采取的手段主要有：将水面舰船上层建筑的外侧壁由垂直做成内倾面；采用雷达波隐身材料；将甲板设备进行整形等。

> 图156 "井冈山"号船坞登陆舰铁流澎湃

筑和主、后桅都采用了整体封闭设计，外部裸露的武器和设备较少。从舰艏处起，一条几乎等舰长的弧形折线将舰体和上层建筑分为两部分，折线以上舷侧向内倾斜，可以较好地减少雷达波束的反射强度。

总体上看，在保证主要技术性能的前提下，船坞登陆舰的设计最大程度地提高了全舰隐身性，提高了自身生存力和低可探测性。

除了隐身，船坞登陆舰还装备了自卫武器，可以有效抵挡低空武器、导弹等的威胁。

> 图157 抗风浪试验中的"昆仑山"号船坞登陆舰

第4章 中国两栖战舰

 不同凡响的船坞舱

普通的登陆舰在靠近海滩时，会从船舱"吐"出坦克，自行登陆，但这些陆战装备缺乏航渡能力，为避免"出师未捷身先死"，船坞登陆舰能搭载登陆艇，作为坦克离舰的换乘工具。

船坞登陆舰船坞舱容量超大，相当于一个小型足球场。它能装载两栖装甲车、步兵战车、反装甲车辆、自行火炮、主战坦克等多种作战装备。与普通登陆舰不同，该舰具备均衡装载能力，可以快速高效地执行两栖作战任务。

气垫登陆艇进出母舰技术

中国舰船科研人员针对气垫登陆艇高温有害气体排放等难题，对船坞登陆舰采取强排风与细水雾联合降温控制方案，突破了大流量、耐高温、防爆坞舱特种风机技术，成功控制了坞舱温度和空气环境，使得中国成为继美国和俄罗斯之后，第三个掌握大吨位气垫登陆艇进出坞舱关键技术的国家。

 搭载直升机

船坞登陆舰不仅能装载陆战武器，还

> 图158 艉门打开时

> 图159 气垫登陆艇进出母舰

> 图160 艉门打开中的"昆仑山"号船坞登陆舰

第4章 中国两栖战舰 | 107

能搭载直升机。"昆仑山"号船坞登陆舰可搭载多架直升机,而且具备宽阔的甲板,可以同时起降两架大型直升机。

在登陆作战中,"昆仑山"号船坞登陆舰就可以利用直升机进行火力支援,配合气垫登陆艇,同时从空中和海面向滩头目标发动攻击,令敌人顾此失彼,让登陆作战部队施展出全部威力。

> 图161 停放在"昆仑山"号船坞登陆舰上的直升机

> 图162 直-8直升机在"昆仑山"号船坞登陆舰上起降

> 图163 特战队员登乘直升机

守卫海疆军演显神威

中国海军成立70年来,两栖战舰不断发展壮大,两栖登陆舰已经从沿海防御逐渐走向深蓝,并形成新型作战力量的两栖打击群。两栖战舰在解放沿海岛屿、南沙建设、抗险救灾、亚丁湾护航和军演中发挥了重要作用,强我国威、军威。

阅兵与演习

2009年4月,作为明星舰船,"昆仑山"号船坞登陆舰参加了中国人民解放军

第4章 中国两栖战舰

> 图164 航行中的船坞登陆舰

> 图165 坦克抢滩登陆

> 图166 抢滩登陆

> 图167 执行海上阅兵任务

> 图168 "沂蒙山"号船坞登陆舰

第4章 中国两栖战舰

> 图169 建造中的"沂蒙山"号船坞登陆舰

海军成立60周年多国海军阅兵活动。

2017年10月，陆、海、空三军在东海进行大规模两栖登陆演习，并出动2万吨级"沂蒙山"号船坞登陆舰。编队突破多重防御，展开海上、空中立体机动登陆，场面十分浩大。

南沙岛礁建设

为加强南海岛礁建设和在永暑礁建海洋观测站，1988年8月多艘登陆舰和工程船开进永暑礁锚地。修建中，登陆舰船将上万包麻袋装的碎石及材料从大陆运到南海岛礁。运到时由于路途远，麻袋全被海水侵蚀破烂，扛不能扛，铲不能铲，舰上和守岛的官兵们就用手扒，多少人的手指都磨得鲜血淋漓，但没有人叫一声苦。永暑礁工地耗用的水泥中有3/4是官兵们从登陆舰上一包包扛下来的。本来就被烈日暴晒脱过无数层皮的肩背，再经水泥和汗水一浇，连皮带肉都往下掉。

180多个日日夜夜，登陆舰往返大陆及永暑礁之间，大风巨浪检验了登陆舰的性能和建造质量；登陆舰官兵用忠诚和意志在祖国南沙筑起一座捍卫祖国领土主权与海洋权益的历史丰碑。国务院和中央军委特发嘉奖贺电，表彰南沙永暑礁海洋观测站全体参建者。永暑礁海洋观测站竣工后，登陆舰又投入到了南沙其他岛礁建设中。

救灾和搜救

2013年11月，菲律宾因台风袭击而受灾严重。中国政府在向菲律宾追加1 000

万元人民币救灾物资、1 000多顶帐篷和上万条毛毯援助的同时,派"昆仑山"号船坞登陆舰携两架舰载直升机和数十名特战队员,配合"和平方舟"号医院船,赴菲律宾执行医疗援助任务,受到国际各界好评。

2014年3月,马来西亚航空公司的MH370航班失联。中国派遣"井冈山"号船坞登陆舰搭载由医护人员组成的医疗分队、潜水员组成的水下搜救分队,以及陆战队员携带冲锋舟、橡皮艇等救生器材组成的救援兵力和2架舰载直升机,赶赴出事海域进行救援。"昆仑山"号船坞登陆舰也在南印度洋东部海域展开搜寻。

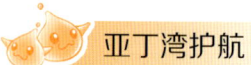

亚丁湾护航

2010年6月30日,"昆仑山"号船坞

> 图170 "井冈山"号船坞登陆舰

> 图171 "昆仑山"号船坞登陆舰在亚丁湾护航

登陆舰携带气垫艇、高速艇和直升机开始执行我国海军第六批亚丁湾、索马里护航任务，并且担任指挥舰。归途中又顺访沙特、巴林和印度尼西亚三国，直到2011年1月7日返回，历时192天。

期间，亚丁湾西南季风盛行，风大浪高，"昆仑山"号船坞登陆舰克服了长期高温、高湿、高盐等恶劣环境，保持良好的机动能力，执行了多次沉浮作业、气垫艇进出母舰作业、直升机双机起降作业等实战训练和护航任务。通过这次护航，"昆仑山"号船坞登陆舰及其携带的装备实战能力以及持续远海航行能力得到了全面的检验。

2010年8月28日下午，正在执行第237批21艘船舶东行护航任务的海军第六批护航编队在亚丁湾西部海域巡航，"昆仑山"号船坞登陆舰连续驱离3批5艘袭扰编队的疑似海盗小艇。

> 图172 打击海盗

> 图173 我国护航编队

第4章 中国两栖战舰

> 图174 "昆仑山"号船坞登陆舰

> 图175 "昆仑山"号船坞登陆舰俯视图

两栖战舰

为国之重器奋斗的人

　　大国重器——中国两栖战舰的发展、壮大，是众多研制人员共同努力的结果。20世纪50年代，中国就设有从事两栖战舰研究的机构；60年代初，海军将登陆舰五支队一位领导调到科研所，带领科技人员加强对两栖战舰的研制。在两栖战舰的发展过程中，许多科技人员、建造工人为此做出了贡献。

　　60年代面对驻岛部队缺油、少水、物质匮乏、交通不便等困难，研制了装载量大、航程远、抗风能力强的油、水、货通用的登陆艇。在新产品研制中，设计团队白天在工厂现场指导，晚上研究遇到的问题。试航前，发现水舱有问题必须切开进舱，研制人员冒着有害气体中毒的危险，二话不说，钻进舱内检修。事后有人问他们当时怎么想的，他们说："只想早日把登陆艇建好，为驻岛官兵解决困难，别的都没想。"设计大型登陆舰时发挥设计、建造、使用三方面的积极性，群策群力，立足国内，迎着困难上，使该艇设计建造达到当时世界先进水平，使我国登陆舰的研制水平登上一个新台阶。

 为国之重器奋斗的辛一心教授

　　辛一心教授是我国著名的造船科学家和教育家，被誉为中国造船科技和教育界的一代宗师。他创办了新中国第一个船舶设计机构，是中国船舶与海洋工程设计研究院的前身。50年代，为研究我国第一代两栖战舰，为提高登陆舰航速和稳性，他和科技人员一起研究设计，指导科技人员攻克难关，并筹建了中国第一个船模拖曳水池，我国第一代两栖战舰就是在这个水池里进行了大量船模试验研制出来的。辛一心把自己的全部智慧和力量奉献给我国的造船事业，鞠躬尽瘁，死而后已，堪称

> 图176　辛一心

> 图177 辛一心（左二）在西北工学院

"中国造船之楷模"。

 **两栖战舰总体专业学科带头人——谢家林**

谢家林，40多年来一直从事舰船的总体研究设计工作，先后担任过多型舰船的总设计师。

2002年，他担任某型登陆舰总设计师。作为我国当时吨位最大、同步研制配套气垫船的新型舰船，困难重重。他带领设计团队，倾注了全部精力和智慧。研发中，他充分发扬技术民主，调动科技人员的积极性，对方案反复论证、比较、权衡，与各系统专业设计师探讨，成功攻克了直升机前后起降、飞行甲板纵通等总体布局等技术难关。

长期超负荷工作，使他心肺功能出现问题，稍微急走几步就喘不过气来，但他仍然坚持工作。特别是在气垫登陆艇进出母舰坞舱的专项试验中，他整日整夜与设计团队一起研究试验。由于该试验是国内首次，谁都没有把握是否一定能成功。如若失败，不论是对气垫登陆艇，还是对综合登陆舰，都将会有不良影响。谢家林召集技术人员，通宵开会讨论，最终拍板按计划进行。试验那天，大家都屏息以待，当气垫登陆艇一次成功开进母舰坞舱时，

> 图178 谢家林工作照

谢家林和所有人都欢呼起来！

船舶设计大师——毛献群

在两栖战舰的研发设计团队中，船舶设计大师毛献群是其中一位杰出的代表。毛献群师从谢家林，在20余载科研生涯中，主攻两栖登陆舰艇总体研究设计，主持了多项军用舰船型号科研设计和预研课题，承担国家重点型号产品、某型登陆舰总设计师等重要技术工作，为我军两栖战舰装备的发展做出了突出贡献。

作为女性，从事舰船设计工作更不容易，尤其是在参与执行任务过程中，往往会遇到诸多困难。她跟随"昆仑山"号船坞登陆舰执行第六批亚丁湾护航任务，随舰出航，历时2个半月，行程1万海里。她在船上克服了各种不便，深入舰船的各个部门，了解使用需要和装备情况，完成了该舰风浪中航行、补给作业、直升机作业等情况的记录和分析，以及人员在舰船摇摆条件下的晕船情况、生活居住条件改进需求等多项工作，为后续改进提供了宝贵的第一手资料，得到了随舰官兵的一致好评。

为实现强国强军梦，毛献群用笔尖勾勒的"大国巨舰"为海军装备建设做出了重要贡献。她于2015年入选"上海领军人才"，2016年获得国务院授予的"政府特殊津贴"，2018年被评为船舶设计大师。

> 图179 毛献群随舰巡视南沙群岛海域

> 图180 毛献群在南海与舰上官兵合影

第4章 中国两栖战舰 119

 团队的力量——打造一流大国重器

舰船研发设计建造是个系统工程，它涉及船舶技术的很多方面和专业，需要依靠团队的密切协作，依靠集体的智慧和力量，它的每一项成果、每一次突破都凝聚着舰船设计师、建造工程师及各方面专家、技术人员的共同努力。

由于两栖战舰重要的战略地位，设计建造难度大，相关资料又十分匮乏。为了得到第一手资料，研发设计团队知难而进，坚持继承、改进、突破、创新，他们走遍大江南北了解需求，深入设备研制单位沟通交流、调查研究、搜集资料、优化设计。下厂配建时，他们工作在舰船施工第一线，白天在建造现场奔走忙碌，晚上研究建造中遇到的技术难题。他们为打造一流大国重器付出了常人难以想象的艰辛，使我国两栖战舰研制水平在较短时间内，成功地从仿制试验转向自主设计，建造了中型、大型登陆舰到更先进的船坞登陆舰，实现了由近岸输送型向远海投送型、平面登陆型向立体登陆型、单一功能型向多样型的转变，这是众多人共同努力的结果。

> 图181 设计组部分成员在"昆仑山"号船坞登陆舰航行试验中

第5章
世界两栖战舰

两栖战舰

从世界范围看,西方海军早在20世纪60年代就已开始将两栖作战装备的重点从登陆舰转向了大吨位船坞登陆舰和两栖攻击舰。美国海军将现代两栖登陆作战理论和战术相结合,将单一的平面输送登陆作战方式发展为通过气垫登陆艇和舰载直升机向纵深、立体化的登陆作战方式,对此后世界各国海军发展现代两栖作战装备和两栖作战战略都产生了极为深远的影响。

进入90年代后,意大利、西班牙、荷兰、日本、韩国等国家也开始发展自己的船坞登陆舰或两栖攻击舰,逐步加强和完善各自海军的两栖登陆作战及兵力投送能力。

美国

美国是现代化大型船坞登陆舰和两栖攻击舰研制与生产的大国。从20世纪60年代中期开始,美国先后发展了30多艘具备搭载各种重型装备、人员、物资、大型直升机、机械化登陆艇和大型气垫登陆艇能力的两栖战舰。

美国级两栖攻击舰

2000年,美国海军完成新型两栖攻击舰的使命分析,提出航空系统、两栖运输和C4I(指挥、控制、通信、计算机和情报的集成)支持的需求。该分析认为,虽然"马金岛"号两栖攻击舰作战能力较好,但新型两栖攻击舰有理由采用新设计,以更好地满足新需求,并且为满足未来需求留下更多空间。该分析还认为,新舰必须适合搭载海军陆战队的F-35B和MV-22飞机,并增加相关保障(武器、燃料等),增强舰艇生命力等。这次分析正式提出了两栖攻击舰替代舰方案,也就是目前正在发展的美国级两栖攻击舰,2014年1月服役,现役1艘,在建2艘。

塔拉瓦级两栖攻击舰

塔拉瓦级两栖攻击舰于1976年5月服役,现役1艘。它设有直通式飞行甲板、岛式上层建筑和机库等与航母相同的设施。岛式上层建筑位于船舯右舷,上层建筑顶部设有2个烟囱和2个格子桅。

飞行甲板长250米,宽32.3米,设有

第5章 世界两栖战舰

> 图182 当今世界最先进的美国级两栖攻击舰

表1 美国级两栖攻击舰技术参数

项 目	参 数	项 目	参 数
满载排水量	44 850吨	飞行甲板	249.6米×36.0米
总长	257.3米	主机	COGES：2台GE LM 2500+燃气轮机，52 200千瓦；2台辅助推进电机，7 460千瓦；双轴
航速	22节	续航力	9 000海里（航速12节时）
舰员	1 059人+65名军官	部队运载能力	1 687+184人
导弹	2座"雷神"Mk 29八联装导弹发射装置，16枚改进型"海麻雀"RIM-162D导弹，18千米范围内半主动雷达寻的；2座"雷神"RAM RIM-116 Mk 49发射装置，9.6千米范围内被动红外/反辐射寻的	舰炮	2门通用电气/通用动力Mk15 20毫米口径6管"火神密集阵"舰炮
空中搜索雷达	ITT SPS-48E（V）10；3D；E/F-波段；"雷神"SPS-49A（V）1；SPQ-9B	水面搜索/导航雷达	2部SPS-73；I-波段
固定翼飞机	与黄蜂级类似，并带有改进型设施，可操作MV-22"鱼鹰"倾转旋翼机，以及最多23架F-35B联合攻击战斗机		

> 图183 美国塔拉瓦级两栖攻击舰侧视图

9个起降点,供直升机起降。飞行甲板最多可操作9架"海上种马"直升机或10架"海上骑士"直升机,经过改进可以有效操作"鹞"式飞机,最多6架。

机库可容纳19架"海上种马"大型直升机或30架"海上骑士"中型直升机,根据需要也可将其中部分直升机换为"鹞"式垂直/短距起降飞机,以加强空中支持能力和对地攻击能力。

机库甲板艉部以下设有长81.6米、宽23.8米、三层甲板高的坞舱,可容纳4艘LCU 1610级登陆艇,或2艘LCM 8机械化登陆艇,或2艘通用登陆艇,或17艘LCM,或6艘机械化登陆艇,或45辆两栖攻击车。

第5章 世界两栖战舰

该舰还设有一车库,可以装载卡车和一个加强营兵力。车辆甲板装载面积为3 133.6平方米,托盘仓库可以装载3 310.2立方米。车库设有两层,其间以两块上下坡道连接。上层长76米,高约5米,用于装载坦克、装甲车和推土机等重型车辆;下层长约50米,高约3米,用于装载吉普车等轻型车辆。当采用登陆艇运输车辆时,车辆可沿下坡道直接下降到坞舱甲板;当采用直升机运输车辆时,车辆可沿上坡道直接到机库甲板。

舰上共设有2部升降机,分别位于左舷侧后部和舰艉。

舰上设有大型医疗设施,可护理300名伤病员,对2 800名舰员和登陆部队进行一般性治疗,包括2间手术室、2间X线检查室、特殊病房、隔离室、检验室、药房、牙科手术室和医疗储存室。

 黄蜂级两栖攻击舰

黄蜂级两栖攻击舰是美国建造的第二代综合登陆运输舰,1989年7月服役,现役8艘。它主要用于以舰上搭载的登陆艇和直

> 图184 美国塔拉瓦级两栖攻击舰俯视图

两栖战舰

> 图185 美国黄蜂级两栖攻击舰前视图

升机按建制输送登陆部队及装备实施登陆作战,也可利用舰上的垂直/短距起降攻击机支援登陆作战等,为集两栖攻击舰、登陆艇运输舰、船坞登陆运输舰、医院船等多种功能于一身的登陆作战舰艇。

该舰飞行甲板长249.3米、宽32.3米,设9个直升机起降点,配备2部飞机升降机,1部位于舰桥的右后方,另1部位于舰舯的左方。坞舱长约81米、宽约15米,最多可容纳3艘LCAC级气垫登陆艇。车

> 图186 美国黄蜂级两栖攻击舰艉部视图

辆舱面积约1 860平方米，共可搭载5辆M1坦克、25辆轻型装甲车、8门M198炮、68辆卡车、10辆后勤车辆和数辆服务车。货物装载容积为2 860立方米。舰上医院设有64张床位和6间手术室。

典型的飞机配置为：25架直升机，再加上6～8架AV-8B"鹞"式垂直/短距起降飞机。

新港级坦克登陆舰

新港级坦克登陆舰1969年服役，现役约20艘。它满载排水量8 450吨，装载量500吨；舰长159.2米，宽21.2米，吃水5.3米；巡航航速14节，最大航速可达20节。14节时，续航力为2 500海里，自给力8天。全舰舰员257人，其中军官13人，可装载登陆部队400人、3艘登陆艇或23辆坦克。前部设一台侧推装置，舰上装备2门双管76毫米舰炮和一门6管20毫米"密集阵"近程舰炮武器系统。舰艉部甲板设有一个直升机起降平台，可停放2架直升机。

LCU 1600级登陆艇

美国的LCU 1600级登陆艇是从参与诺曼底登陆战的登陆艇发展而来的，因此在设计上更充分地考虑了登陆作战的实际需求，具有较强的战场适用性。

该艇是一艘改进型的钢制通用登陆艇，其总体布局采用了直通式甲板的设计，在艇艏和艇艉都设有贯通的坡道，装

第5章　世界两栖战舰

> 图187　美国新港级坦克登陆舰

> 图188 美国 LCU1600级登陆艇（一）

> 图189 美国 LCU1600级登陆艇（二）

甲车辆和坦克可直接从艇艉或者艇艏进入登陆艇，免除了需要掉头才能装卸车辆的麻烦，非常适合舰到岸或者岸到岸的物资运输。

为了追求浅吃水，LCU级登陆艇采用了常用的平底船型，速度也较慢，最大航速才11节。因其装载量大且速度较慢，美国海军非常形象地称它为舰队的"海上驮马"。

LCU（R）级登陆艇（通用登陆艇替代艇）

LCU（R）级登陆艇的主尺度必须满足两栖战舰或未来舰艇坞舱的搭载要求，因此其艇长不能超过39.6米，宽不能超过13.7米，最大允许吃水也不能超过两栖攻击舰坞舱甲板的水深限制。同时，LCU（R）级登陆艇将通过减少吃水或其他设计特征来改善抵滩能力，满足在濒海区域通用性要求。

为了增加与两栖舰、海上预置船的协作能力，LCU（R）级登陆艇除了配备先进的C4I系统外，还配备了先进的控制系统和导航系统，可进行航向的精确导航和定位，能够改善登陆艇在海滩区域的战术机动能力。

为了降低运行和维护费用，LCU（R）级登陆艇大量采用了自动化技术和简约的设计，使得船员的数量和工作量都有所降低。简约的设计使得其非常坚固，并且易于维护，大大减少了登陆艇的运行费用。

美国海军还要求LCU（R）级登陆艇能够在现有的两栖基地内进行保障维护，不需要送到船厂进行专门的维护。

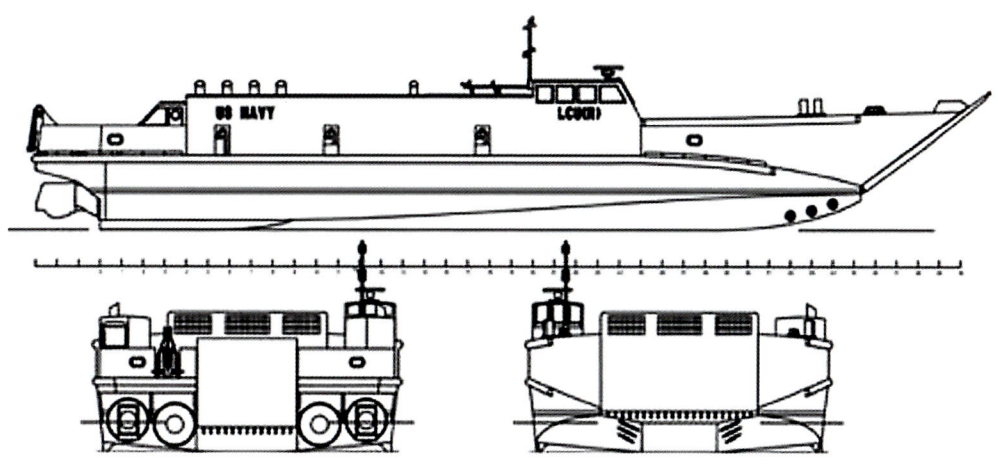

> 图190 美国LCU（R）级登陆艇示意图

> 图194　美国LCAC级气垫登陆艇正在进行登陆作业

英国

当"超越地平线"登陆作战的曙光照亮21世纪的海岸线后，紧随世界头号登陆作战强国美国之后，欧洲老牌海军——大不列颠皇家海军也急不可待地推出了诸多两栖战舰，如两栖攻击舰、船坞登陆舰、通用登陆艇等。这些两栖战舰与航母一起可以构成具有多维作战能力的两支特混远征舰队，随时赶赴世界上任何发生武装冲突和局部作战热点的地区，为英国全球性经济利益提供有效的海洋平台与打击力量。

第5章 世界两栖战舰

海洋级两栖攻击舰

1991年1月,英国海军参加了海湾战争,由于缺少两栖战舰,许多装甲车辆不得不使用商船运送,结果由于商船甲板不堪重负而发生塌陷,造成了很大的损失。海湾战争后,英国海军据理力争,重新提

> 图195 英国海洋级两栖攻击舰

出了建造新型直升机母舰的要求，但终因国防经费被大量削减而再次遭到否决。不久，英国卷入巴尔干地区行动中，再一次面临没有合适舰艇参与两栖作战的困境。英国国防部终于批准海军的申请，建造一艘能够满足未来多方面作战要求的新型直升机母舰，并将其列为优先发展项目。

为降低建造费用，当时采取了招标方式，维克斯公司和斯旺·亨特公司投标竞争。维克斯公司提出主要采用商船标准建造，建造合同费为2.45亿美元；亨特公司则主张完全采用军用标准建造，建造合同费约3.2亿美元，前者比后者节省经费7 500万美元。最终英国海军采用了建造费较低的维克斯公司的方案。

英国海洋级两栖攻击舰于1998年9月服役，2018年3月退役。它可搭载直升机、LCVP人员车辆登陆艇，并拥有攻击能力，舰上未设坞舱。其主要任务为登陆、

> 图196　英国海洋级两栖攻击舰侧前方视图

> 图197 英国海洋级两栖攻击舰后视图

> 图198 英国海洋级两栖攻击舰舷侧吊艇架及小艇

支持，以及搭载直升机中队和海军突击队（含车辆、武器和弹药）。

舰体形状基于无敌级航母，修改了上层建筑，甲板经过加强可操作"切努克"直升机，舰上设6个起降点。车辆舱位于机库后端，可从艉部飞机升降机或经由舰艉跳板到达。

该舰搭载的车辆人员登陆艇为MK5型，用吊艇架吊放，布置在舷侧凹槽内，每舷各2艘。

LCU MK系列通用登陆艇

LCU MK 10级通用登陆艇是一型全新设计的通用登陆艇，装备于海神之子级两栖攻击舰和海湾级船坞登陆舰上。其艇长29.8米，宽7.4米，吃水1.7米；空载170吨，满载240吨，可搭载1辆主战坦克，或4辆装甲车，或120名士兵；航速8.5节，续航力600海里；人员编制7人。

LCVP MK 5型车辆人员登陆艇

LCVP MK 5型车辆人员登陆艇可搭载35名士兵和2吨的装备或8吨的车辆和物资。该艇长15.5米，宽4.2米，吃水0.9米，满载排水量25吨；满载时航速可达18

> 图199 英国LCU MK 10级通用登陆艇

第5章 世界两栖战舰　139

> 图200　英国LCVP MK 5型车辆人员登陆艇

> 图201　没有任务时LCVP MK 5型车辆人员登陆艇被安置在舷侧吊艇架上

> 图202 闲置艇侧面

节，续航力210海里，最大航速25节；舰员3人。该型艇艇体为铝合金制造。在海洋级两栖攻击舰的左、右舷侧和海神之子级船坞登陆舰上层建筑的左、右舷侧都分别设有2个吊艇架，共4个，用来搭载该型艇。

Griffon 2000 TDX（M）级气垫登陆艇

1993年，4艘由Griffon气垫船公司建造的Griffon 2000 TDX（M）级气垫登陆艇进入英国海军服役。

该型艇不仅可提供更佳的有效载荷性能，且越过障碍的能力也比2000 TDX级要

> 图203 英国Griffon 2000 TDX（M）级气垫登陆艇前视图

第5章 世界两栖战舰 141

> 图204 登滩演习

> 图205 英国Griffon 2000 TDX（M）级气垫登陆艇侧视图

> 图206 英国Griffon 2000 TDX（M）级气垫登陆艇在岸上

强。气垫状态下，艇长13.4米，宽6.8米，高4.3米；标准排水量10.6吨，有效载荷2.4吨；最大航速40节，自持力7小时。

这型气垫艇不仅可搭载在各类型两栖登陆舰的坞舱内，还可搭载在卡车或C130"大力神"运输机上，进行海陆空的灵活部署。

Caimen-200级坦克登陆艇

Caimen-200级坦克登陆艇是由英国BMT防务集团推出的一型新概念高速坦克登陆艇。

Caimen-200级坦克登陆艇总长68.5米，水线处艇宽10米，型深6.3米，平均吃水2.3米，满载排水量840吨。其负载甲板面积400平方米，能装载200吨的车辆（8辆多用途四轮驱动卡车，或3辆主战坦克，或30辆轻型装甲车）或260名全副武装的士兵。其桥楼横跨于艇体上方，有利于车辆的摆放和保持艇体重心的平衡，艇艏跳板最多能承受60吨的车辆快速通过。

该艇可支持25名船员的膳宿，可携带156立方米的燃料和190立方米的淡水，满载最高航速16节时续航力1 075海里。Caimen-200级坦克登陆艇具有安装两栖

第5章 世界两栖战舰 143

> 图207 英国Caimen-200级坦克登陆艇效果图

战模块化负载的能力，配有全网络化作战系统、卫星通信、甚高频/高频通信，以及具有自主雷达测绘辅助能力的X波段雷达。

法国

20世纪90年代后,法国海军主要的大型两栖战舰几乎都面临退役或设备老旧而无法满足法国海军两栖作战要求,为此,法国在1990年以后开展立项研制西北风级两栖攻击舰,以及与之配套的L-CAT新概念双体登陆艇等新型两栖战舰。

西北风级两栖攻击舰

西北风级两栖攻击舰的任务是前沿部署、武力投射、对部署武力提供后勤支持

> 图208 法国西北风级两栖攻击舰

（近岸或海上）、人道主义援助、灾难救助、联合行动中作为指挥舰。海上自持力可达45天。2006年12月服役，现役3艘。

该级舰飞行甲板设6个起降点，其中1个用于操作CH-53或MV-22"鱼鹰"旋翼机。舰上设有1 800平方米的机库，可停放16架NH-90多用途直升机或"虎"式武装直升机，配2台升降机。坞舱设置在舰艉，舱内可搭载2艘气垫登陆艇或4艘LCM通用登陆艇。车库面积2 650平方米，配1台升降机，车辆甲板最高载货能力达1 200吨。

舰上除设置编制160人的舰员住舱外，还设置有能装载450名全副武装海军陆战队员的载员舱区。舰上医院设69张床位，需要时还可另外安装模块化的医院。按照任务要求，也可使用其他模块化设施。该舰广泛采用了商船设计理念，其高效的指挥系统和生活的高度自动化压缩了舰员编制。

L-CAT新概念双体登陆艇

L-CAT新概念双体登陆艇采用双体

> 图209　法国L-CAT新概念双体登陆艇

> 图210 法国L-CAT新概念双体登陆艇活动式装载平台降下

> 图211 法国L-CAT新概念双体登陆艇活动式装载平台升起

第5章 世界两栖战舰 147

船型，更为独特的是其艇体中部设计了宽敞的可升降装载平台，利用4部液压悬挂系统控制平台的快速升降。这项革命性的巨大创新，使其拥有了以往任何登陆艇所不具备的能力。2011年11月服役，现役4艘。

创新的可升降式装载平台设计，使

L-CAT新概念双体登陆艇可以在两种作业模式间自由转换：一种是突出运输航渡性能的高速航行模式；另一种则是强调两栖投送能力的登陆模式。在航行模式下，L-CAT新概念双体登陆艇基本算是一艘纯粹的双体艇，可升降平台被抬高，平台重量分担在船体上，以充分发挥双体船在

> 图212　法国L-CAT新概念双体登陆艇正在进行登陆演练

高速航行和稳定性方面的优势；而在登陆模式下，中央平台下降转换成平底船，以便于车辆和物资的装卸。

L-CAT新概念双体登陆艇可在任何海区执行任务，主要用于在远洋两栖作战舰艇（主要为西北风级两栖攻击舰，可搭载2艘L-CAT新概念双体登陆艇）上进行舰到岸运输任务，可作为通用登陆艇、人员登陆艇和坦克登陆艇使用，其灵活的特性还可参与各种灾难救助行动。

CTM级机械登陆艇

西北风级两栖攻击舰可搭载4艘CTM级机械登陆艇，闪电级船坞登陆舰上则最多可搭载10艘。

该艇长23.8米，宽6.4米，吃水1.3米，标准排水量60吨，满载排水量150吨。主机采用2台Poyaud V8520NS型柴油机，功率331千瓦，双轴，最大航速9.5节，8节时续航力380海里。该艇拥有艏门兼跳板，人员编制4人，还配有2挺12.7毫米机枪和I波段导航雷达。

EDIC 700级坦克登陆艇

法国海军EDIC 700级坦克登陆艇仅有一艘"Dague"号。

该级艇艇长59米，宽11.6米，吃水1.7米，标准排水量330吨，满载排水量

> 图213　法国CTM级机械登陆艇将驶进西北风级两栖攻击舰坞舱

第5章 世界两栖战舰

> 图214 法国CTM级机械登陆艇

> 图215 法国EDIC 700级坦克登陆艇（一）

748吨，可搭载10辆卡车或5辆AMX 30主战坦克；最大航速12节，最大航速下续航力1 800海里。该艇定员10人。武备包括2门Giat 20F2 20毫米火炮和2挺12.7毫米机枪，并配有Racal Decca 1229 I波段导航雷达。

> 图216 法国EDIC 700级坦克登陆艇（二）

第5章 世界两栖战舰

俄罗斯

由于俄罗斯登陆战役的主战场都在本国国土附近，航渡时间极为有限，因此具有直接登陆能力的登陆舰艇成为俄罗斯海军的首选。受制于俄罗斯经济形势，目前其登陆舰艇装备型号、数量均较少，主要依靠气垫登陆艇，其中就有世界上最重的大型气垫登陆艇——欧洲野牛级气垫登陆艇。

 1232.1型鹳级气垫登陆艇

俄罗斯的第一种大型气垫登陆艇——1232.1型鹳级气垫登陆艇，同时也是世界上第一种大型气垫登陆艇。

1232.1型鹳级气垫登陆艇的排水量达到350吨，使用两台大功率燃气轮机作为垫升和推进动力装置，垫升风扇直径为

> 图217 俄罗斯1232.1型鹳级气垫登陆艇

3.65米，塔架上的可调距螺旋桨直径达5.7米。船体为铝合金焊接结构，主甲板上的主体结构可分为装载舱以及两侧的人员舱、动力舱三个主要部分。典型搭载方式为2辆Т-72主战坦克，或者是3～4辆ПТ-76两栖坦克，或者5辆БТР系列轮式步兵战车，或者200名兵员。冲滩情况下的一般配置为2辆ПТ-76两栖坦克和50名兵员。如果运输物资的话，最大载货量可达74吨。

1232.1型鹳级气垫登陆艇为了保证在敌方空中优势情况下突防，装备了强大的自卫火力系统，艇艏艉两舷前部各装有一门AK-230型全自动火炮，每炮备弹1 000发，主要用于对空射击，也可在人工自动控制方式下执行对地面目标攻击的任务。

1232.2型欧洲野牛级气垫登陆艇

目前，世界上最重的大型气垫登陆艇是欧洲野牛（俄文名"Зубр"，北约名为"Pomornik"）级，1988年服役，现役2艘。

该型艇可以轻易搭载俄罗斯海军几乎所有的陆战装备。其典型的搭载方案是3辆主战坦克（Т-80或Т-72），或者10辆装甲运输车和140名士兵，或者8辆"БМП"系列步兵战车，或者8辆两栖坦克，或者500名全副武装的士兵。这样，少量欧洲野牛级气垫登陆艇就可以在同一

> 图218　俄罗斯1232.2型欧洲野牛级气垫登陆艇搭载坦克正在登陆

第5章 世界两栖战舰

> 图219 俄罗斯1232.2型欧洲野牛级气垫登陆艇

登陆点集结强大的兵力,对敌人造成重大威胁。

由于俄罗斯海军不能为登陆舰队提供足够的火力支持,所以欧洲野牛级气垫登陆艇延续了苏制舰艇一贯的重火力风格,在第二层甲板前约1/3处的驾驶舱前方,左右各安装了一门AK-630型30毫米近防炮,主要用于防空自卫。在左、右舷舱接近艉门的位置安装有两座22联装140毫米火箭发射器,每座发射器备弹66发,用于登陆火力支持。此外,还有8套"针"式便携式防空导弹,用于进一步提高防空能力。艇上还设置有2条水雷布放轨,用来执行运送水雷、布设雷障任务,可携带20～80枚水雷。

1205型鳐级气垫登陆艇

该型艇是从民用50座快速气垫渡轮发展而来的,主体结构采用轻量化的铝合金焊接结构,驾驶室位于艇艏处的第二层甲板前端,主甲板前部是人员舱,其后为机舱,动力装置为3台ТВД-10型轻型燃气轮机,单台功率582千瓦,其中一台作为垫升动力,另两台驱动两个可调螺距空气螺旋桨。

该型艇外观上有个明显的特征,就是在上层建筑后段的背部设置有一个大型的

> 图220 俄罗斯1205型鳐级气垫登陆艇

进气口,发动机的进气和垫升空气的吸入全部通过这个进气口进行。对于一种要在海上进行操作的小型气垫船来说,这种设计可以有效减少吸入近海面处饱含盐分的空气,降低盐分对机械设备的侵蚀,从而延长使用寿命。

西班牙

西班牙海军为加强保卫海运线、干预地区危机、向岸投送力量等全面维护海上安全的能力,形成远洋两栖作战编队,发展了胡安·卡洛斯级两栖攻击舰,

可在大西洋和地中海同时担负机动作战任务，参加欧洲快速反应部队。

这艘战舰以西班牙国王的名字命名，2008年3月下水，现役1艘，有12层楼高，全长230米，宽约16米。当时，西班牙国王胡安·卡洛斯一世和海军参谋长萨拉戈萨参加了下水仪式。2010年5月正式服役。主要任务为两栖任务、陆军战略投射和灾难救助，舰上可使用固定翼飞机。

舰上机库面积1 000平方米，可容纳12架NH-90直升机、8架"支奴干"直升机以及最多7架"鹞"式垂直/短距起降飞机，2部飞机升降机可直达飞行甲板。1 400平方米的车库位于机库下方，

> 图221　西班牙胡安·卡洛斯级两栖攻击舰

> 图222　西班牙胡安·卡洛斯级两栖攻击舰满载排水前视图

可搭载重型车辆（如"美狮豹2"主战坦克）。车库上方是2 046平方米的轻型车辆甲板，可容纳77辆车（或144个集装箱）。坞舱尺度为69.3米×16.8米，可搭载4艘机械化登陆艇或1艘气垫登陆艇。舰上设手术室、加护病房和医务室等医疗设施。另外，舰上还留有空间和重量余度用于加装防御系统。与法国西北风级不同的是，该舰安装了滑跃式甲板，用于垂直/短距起降飞机操作。

胡安·卡洛斯级两栖攻击舰采用右侧舰桥、全直通跃升飞行甲板、方形舰艏、后下方大型坞舱门的布局，它实际上就是一艘具有两栖登陆输送能力的轻型航空母舰。

日本

日本由四大岛及7 200多个小岛组成，总面积37.8万平方千米，加上专属经济区等管理海域，其总面积为447万平方千米。日本与3个邻国存在领土争端，若战时对手占领了关键岛屿，日本会面临海上交通线被切断的困境，离岛的战略价值可见一斑，故近年来日本特别重视强化两栖作战力量。

目前，作为主力的登陆舰和直升机驱逐舰总计有7艘在役，排水量均超过万吨。其中，大隅级两栖攻击舰3艘，满载排水量在14 000吨左右；日向级直升机驱逐舰，目前在役2艘，满载排水量约18 000吨，日向级的升级版——出云级直升机驱逐舰；满载排水量在24 000吨左右。这三型舰都是用于替代老旧的舰型。

 日向级直升机驱逐舰

日向级直升机驱逐舰于2009年3月服役，现役2艘。虽然被日本自称为直升机驱逐舰，但其功能与两栖战舰类似，甚至强于两栖攻击舰。它不设坞舱等大型装载舱，舰上武备明显强于其他两栖攻击舰，航速也大大高于其他两栖攻击舰。

该级舰长197米，宽33米，吃水9.7米。飞行甲板设有4个直升机起降点，可同时支持3架SH-60K"海鹰"反潜直升机和1架MH-53E"海龙"直升机（或MCH-101"隼"直升机）作业。机库和甲

> 图223 日本日向级直升机驱逐舰

> 图224 日本日向级直升机驱逐舰首制舰艉视图

> 图225 日本日向级直升机驱逐舰首制舰俯视图

板之间设有2架升降机，1架位于船舯，1架位于船艉。该舰采用了全通甲板和封闭式舰岛结构，舰体右舷布置有一个全长约70米、宽约9米的大型舰岛。

由于主要任务为反潜作战，日向级直升机驱逐舰装备了1套OQQ 21舰艏声呐系统和6座HOS-303鱼雷发射管。自卫武器包括2套分别安装于舰艏和舰艉的GE 20毫米Phalanx近程武器系统，以及安装于舰艉的Mk 41 Mod 5垂直发射系统，配有RIM-162改良型"海麻雀"导弹（ESSM）和Melco FCS-3相控阵列火控

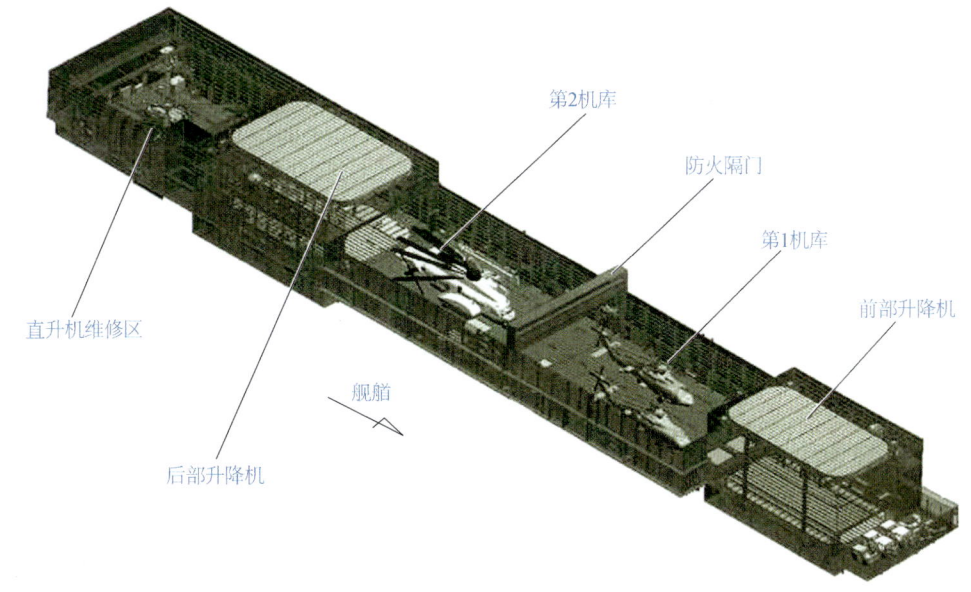

> 图226 直升机机库布置图

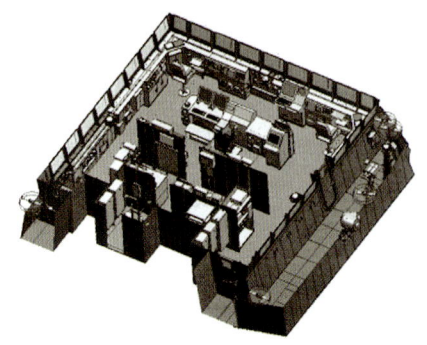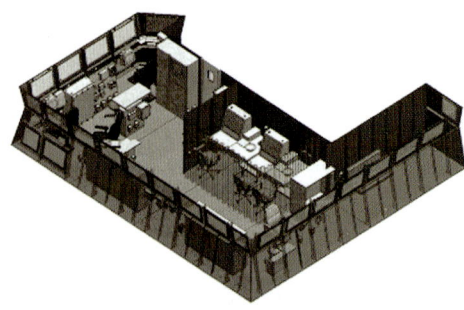

> 图227 航空管制室和舰桥模型

第5章 世界两栖战舰

雷达。

此外，日向级直升机驱逐舰还设有一个大型多功能区域，可作为联合指挥部或提供100人住宿。舰上的X-Ku波段数据传输通信系统可连接宽带卫星。动力系统方面，舰上主机采用4台LM 2500型燃气轮机，最高航速达30节；以20节速度航行时，续航力达6 000海里。

> 图228　日本日向级直升机驱逐舰前视图

 出云级直升机驱逐舰

虽然日本将出云级定义为直升机驱逐舰，但它更像是一艘两栖攻击舰，甚至是航母。

出云级直升机驱逐舰共2艘，首舰于2010年开建，2015年3月服役，是日本海上自卫队有史以来建造的排水量最大的水面舰艇。该级舰满载排水量约2.7万吨，全通甲板全长248米、宽38米，可容纳14架直升机，可同时起降5架直升机，最大航速约30节，这个排水量及主尺度甚至超过了某些国家轻型航母的尺度。

出云级较日向级更长，排水量更大，同时还拥有日向级所不具备的两栖部队运

> 图229　日本出云级直升机驱逐舰

> 图230　现役的2艘出云级直升机驱逐舰

输能力和海上补给能力，舷侧设有两栖部队滚装舱门，舰艉设有纵向燃料补给设施，因此其担负多样化任务能力较日向级大为提高。

大隅级两栖攻击舰

1992年，日本国会通过"国际平和协立法"，允许自卫队参与联合国维和行动（Peacekeeping Operation，PKO）之后，日本海上自卫队在20世纪90年代进行了多次海外人道/维和任务。在1992年的柬埔寨维和行动中，海上自卫队派遣2艘三浦级坦克登陆舰载运自卫队工兵与监视人员前往柬埔寨，任务期间就发现三浦级这样的传统登陆舰船型与吨位都不适合在大洋上进行长距离航行，在波涛汹涌的洋面（如巴士海峡）航行时颠簸不堪。

此外，由于舰体尺度较小，当时三浦级、渥美级运输能力也不符合这类任务的需求，导致自卫队需租借民间运输船只来运送随行的重型装备。在这种情况下，续航力佳且具有足够运输能力的大型两栖战舰就成为日本海上自卫队急需的装备。因此，在柬埔寨任务后不久，原本提出的5 600吨输送舰计划便被更改为更大型的远洋两栖战舰，标准排水量增至9 000吨，满载排水量达14 000吨，这就是大隅级两栖攻击舰的由来。

大隅级两栖攻击舰1998年3月服役，现役3艘。其满载排水量达14 000吨，采用全通甲板右舷岛式结构，飞行甲板最多可并排停放6架直升机，能同时供2架

> 图231 日本大隅级两栖攻击舰（一）

CH-47直升机起降。该级舰的货物载运能力相当可观，可搭载330人的部队、10辆日本90式主战坦克，或1 400吨的货物和2艘LCAC气垫登陆艇。目前，3艘该级舰都经过现代化改装，可支持MV-22"鱼鹰"旋翼机的起降操作，并能搭载BAE系统公司的AAV7A1两栖突击车。一般认为，该级舰的使用是为了收集小型航母必须具备的相关经验，为更大型的直通式飞行甲板舰船设计打下基础。

总体上看，该舰的主要性能特点可归纳如下：

居住环境舒适

与20世纪70年代发展的三浦级、渥美级相比，大隅级两栖攻击舰的住舱面积明显增大，且安装有丰富的舱内生活保障设施，包括空调、电话、全自动洗衣机、盆塘和充足的生活用水，这对舰上人员及陆战队员的作战能力有很大的促进作用。

采用新的舰型

三浦级、渥美级坦克登陆舰采用舰艏抢滩方式登陆，舰型艏部肥钝、吃水浅，难以提高航速。而大隅级两栖攻击舰舰艏改为瘦尖形，极大降低了航行阻力，吃水加深到6米，这种设计方案有助于航速的提高，最高航速可达22节。

> 图232 日本大隅级两栖攻击舰（二）

韩国

与日本的欲盖弥彰不同，韩国研究制造两栖攻击舰很有针对性。1990年以来，海洋因素在韩国经济发展和安全保障上不断强化，韩国建设远洋海军的意图日益明显，在与朝鲜和日本的领土争端中深感发展综合两栖舰艇的必要性。尤其是日本大隅级的出现，更加令韩国感到芒刺在背。为了有效地保卫海洋权益，韩国国防部在制定2000—2004年中期防务计划时，编列了建造2艘两

第5章 世界两栖战舰　165

> 图233　韩国独岛级两栖攻击舰

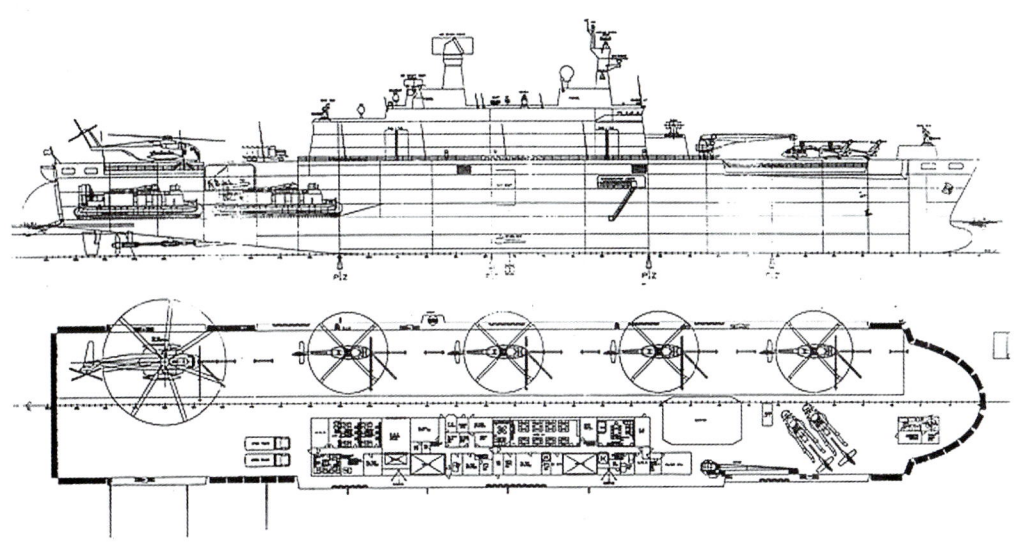

> 图234　韩国独岛级两栖攻击舰侧视图和主甲板图

栖攻击舰的计划。2002年10月，韩国海军正式决定采购2艘两栖攻击舰，首舰以存在争端的"独岛"命名，足见其明显的目的。

独岛级两栖攻击舰首舰于2007年7月服役。采用直通式甲板设计，可起降直升机或垂直/短距起降飞机，预计驻泊在济洲郡的和顺港机动舰队基地。

独岛级两栖攻击舰人员编制为700人，标准排水量约13 000吨，满载排水量约19 000吨，最大航速可达43节，可搭载2艘高速气垫登陆艇、7辆两栖步兵战车、10余辆战车和10余架CH-60或"山猫"直升机。

从该级舰使用的全直通式甲板来看，如果需要，独岛级两栖攻击舰随时可以加

载AV-8B和F-35飞机,作为轻型航空母舰使用,其对陆打击能力也将成倍提高。从各项数据来看,独岛级两栖攻击舰相当于缩小版的美国安东尼奥级两栖船坞运输舰。与日本大隅级两栖攻击舰相比,独岛级两栖攻击舰的飞行甲板更加宽大,整体设计更为合理。

独岛级两栖攻击舰右舷设有一个车辆跳板、2个收容高速艇的舷墙开口,舰艏设有一个推进器。

> 图235 停靠码头的韩国独岛级两栖攻击舰

第6章 未来发展趋势和展望

两栖战舰

两栖战舰自1915年出现以来，至今已有100多年，经历了两次世界大战，特别是经历了二战的洗礼，得到了较大的发展，由最初的小型登陆艇发展到坦克登陆舰、船坞登陆舰、两栖攻击舰等大型两栖战舰。二战结束后，在世界上发生的局部战争中都有两栖战舰参与。20世纪70年代以来，舰载直升机和气垫技术用于两栖战舰，未来两栖战舰将展现新的发展。

两栖攻击舰是发展重点

两栖攻击舰是两栖编队的核心，其作战能力代表着一国的两栖登陆作战能力。两栖攻击舰具有作战能力强、用途广、效费比高的特点，特别是在满足多样化任务需求方面，两栖攻击舰更是发展两栖装备时的首选。

例如，美国海军正在发展的最大的两栖战舰是美国级两栖攻击舰，它是美国海军和海军陆战队未来数十年能力发展的关键项目，用于接替塔拉瓦级两栖攻击舰，和黄蜂级两栖攻击舰一起构成未来美国两栖舰队的核心。

在建的美国级两栖攻击舰的3号舰恢复了坞舱，能容纳两艘气垫登陆艇/岸舰连接器（LCAC/SSC），代价是降低了舰载机的维护能力和航空弹药储量，登陆部队的搭载量也遭到一定削减。它大幅缩小了舰岛的体积，并在右舷增加了一个小外飘甲板，扩大飞行甲板面积，增加了3个停机位，并提供MV-22"鱼鹰"旋翼机的维修工作区，弥补因增加坞舱而降低的航空作战能力。

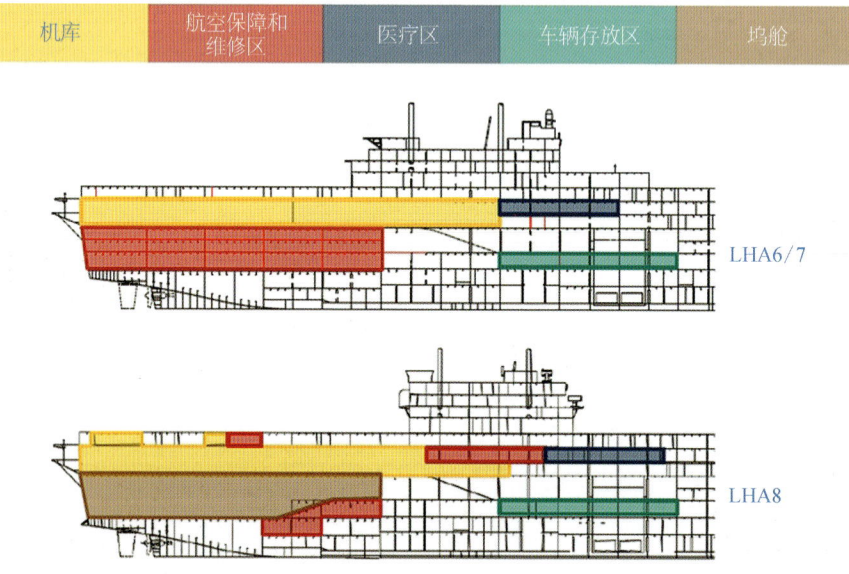

> 图236 美国级两栖攻击舰的3号舰（LHA8）与其1、2号舰（LHA6/7）的装载区域布置对比

> 图237 企业空中监视雷达

同时，美国级两栖攻击舰1、2号舰的AN/SPS-48E三维E/F波段远程对空搜索雷达将被雷声公司的"企业空中监视雷达"所取代。

此外，世界上其他国家近年来重点发展的也是两栖攻击舰，如法国的西北风级两栖攻击舰、意大利的"加富尔"号两栖攻击舰、西班牙的"胡安·卡洛斯一世"号两栖攻击舰、韩国的独岛级两栖攻击舰、澳大利亚的堪培拉级两栖攻击舰。

向大型化、多用途方向发展

近年来，国外两栖战舰的发展日益呈现出大型化和多用途的特征。以美国的美国级两栖攻击舰为例，该级舰的满载排水量达到了创纪录的44 500吨，比黄蜂级大出3 000吨，是有史以来美国建造的最大的两栖战舰，其飞行甲板和上层建筑布局类似于航母，能携带大量的作战飞机，包括F-35B联合攻击战斗机、MV-22"鱼鹰"旋翼机和其他各型直升机，还扩大了机库、油库、弹药库的面积，除了能承担两栖攻击任务外，还能承担制空、制海和反潜任务。美国的船坞运输舰也呈现出大型化的趋势，圣·安东尼奥级船坞运输舰的满载排水量几乎达到25 000吨，而之前的惠德贝岛级船坞登陆舰满载排水量只有16 000吨。

此外，法国西北风级两栖攻击舰的满载排水量达到了22 000吨，除作为两栖攻击舰外，也可兼作反潜直升机母舰、舰队旗舰、医疗救护舰、训练舰，和平时期还可执行维和反恐、人道主义救援等任务。

两栖战舰大型化为装载更多飞机和直升机、更先进的武器系统和登陆装备提供了可能，也大大提高了自身的突击能力和防御能力。

采用隐身技术，提高战场生存力

两栖攻击舰和船坞运输舰作为两栖作战中承担攻击和运输任务的核心舰艇，由于其具有明显的外形特征，往往使它容易成为敌方攻击的重点。隐身性能对提高两栖战舰的生存能力至关重要，因此各国在新舰研制过程中都十分注重改善舰的隐身性能，采用优化外形设计、减少雷达波反射截面积、应用红外抑制措施和减振降噪技术，尽可能减少舰的雷达波、红外线和噪声、磁信号。

西班牙"胡安·卡洛斯一世"号两栖攻击舰岛形建筑外形采用大倾斜面设计，岛形建筑和甲板上的外露设施和天线很少，在烟囱排气口设置热敏式喷水冷却系统。美国圣·安东尼奥级两栖船坞运输舰采用封闭式桅杆和隐身外形设计，也具有较强的隐身性能。

全域化、无人化、智能化发展

非接触、低伤亡甚至零伤亡是战争目标的终极追求，支撑的是各种创新技术、颠覆性技术。信息技术、无人技术、人工智能技术可能就是改变未来战争形态的颠覆性技术，值得未来加大投入、深入研究和持续研究。

在诺曼底登陆中，作战双方及平民阵亡、受伤、失踪人数多达50万，美国第34任总统德怀特·戴维·艾森豪威尔在诺曼底登陆后说："毫无疑问，诺曼底战场是战争领域所曾出现过的最大屠宰场之一，那儿一带的通道、公路和田野上，到处塞满了毁弃的武器装备以及人和牲畜的尸体，甚至要通过这个地区也极为困难。我所见到的那幅景象，只有但丁能够加以描述。一口气走上几百码，而脚全是踩在死人和腐烂的尸体上……"

从人类命运共同体角度出发，我们应尽最大努力避免诺曼底登陆那样惨烈的、大规模杀伤的历史重演，未来两栖作战应更多地强调非接触、低伤亡，通过更精准的目标夺占达到战略目的。要达成这一作战目标，基本着眼点是在对手兵器的作用距离外施以打击，这就要求具备明显优于对手的感知能力和打击能力。在高技术信息化条件下的未来战争，"物与物的冲突已代替传统的人与人的冲突；在远距离空中和海上打击后，在对手已绝无反击能力的条件下，才会发起地面战役"。可以预见，全域化、无人化、智能化将成为未来高技术两栖战争的特征。

全域化

随着技术和装备的不断进步，未来两栖作战战场空间愈加呈现多维化的特征，战场空间将进一步拓展，除了海、陆、空、天等实体空间，还包括电磁、网络、赛博等无形空间，拥有更高维度打击能力的一方才能在现代战争中占据主导权。

无人化

无人技术大规模实战化应用仍面临诸多技术挑战：自主智能技术、可靠的卫星导航技术、恶劣环境下结构和材料的耐用性技术、高续航力高机动的推进技术、可靠高效的信息网络技术、数据保密技术、低物理场特征隐身技术……但毫无疑问，无人装备在未来战场上将承担起越来越重要的角色。

2018年11月，美国海军第一艘反潜战持续跟踪无人艇原型艇"海上猎手"号在珍珠港接受多项测试。"海上猎手"号无人艇是由国防先期研究计划局（DARPA）设计和建造的。2018年2月，DARPA将

第6章 未来发展趋势和展望

> 图238 美国"海上猎人"号无人艇

该艇移交给海军研究局,由其进行进一步开发。

智能化

无人化背后的一项关键技术是人工智能技术,无人装备的对抗更加是体系性的对抗,是智能的比拼,智能技术就是这场高技术体系对抗的"大脑"和"智库"。基于大量模拟仿真和实战数据,智能技术能将各种应变之策预置于系统,并使之具备自适应、自主学习的能力,是战场状态瞬息万变条件下复杂体系对抗决胜的关键。

展望未来,两栖作战会向非接触、低伤亡目标迈进。为达到不战而屈人之兵的长远目标,必须拥有绝对的军事优势,能摧毁敌人的意志和能力,而不在于大规模的杀伤。因此,未来的两栖战舰将不断实现自我超越。

两栖战舰隐身技术

两栖战舰隐身技术运用了最先进的匿踪技术,雷达踪迹大幅降低,凭借的是所谓的切角上舷侧设计,表示甲板上很难找到直角,这种切角设计成为对敌方雷达屏蔽。雷达计算目标的位置是根据信号从目标反射回来的时间,就像镜子会反射光线,平面会把信号直接反射回发射源,但切角表面会改变信号方向。

> 图239 人工智能

第6章 未来发展趋势和展望

参考文献

1. 军情视点.海陆双雄——两栖作战舰艇.北京：化学工业出版社，2014.
2. 《现代舰船》编辑部.人民海军舰艇全谱.上海：现代舰船杂志社，2017.
3. 辛亨复.辛一心传.上海：上海交通大学出版社，2012.

后 记

新中国成立以来，我国舰船与海洋工程装备从小到大，由弱变强，实现了跨越式发展，为捍卫我国海疆和保障国民经济的发展作出了巨大贡献。为了使广大青少年和公众读者了解到我国舰船研制的艰难历程和取得的成就，中国船舶及海洋工程设计研究院、上海市船舶与海洋工程学会、上海交通大学及上海科学技术出版社携手，编纂出版"国之重器——舰船科普丛书"，向中华人民共和国建国70周年献礼。

此套丛书编写得到曾恒一院士、潘镜芙院士以及80多位舰船及海洋工程研发设计专家的响应和支持，为其顺利出版奠定了基础。丛书编纂中，注重原创，努力将科学性、权威性、严谨性贯穿始终，把技术性、知识性、趣味性融于一体，把舰与船的专业知识从学术殿堂驶达青少年和公众读者的心田。

上海市船舶与海洋工程学会理事长邢文华、中国船舶及海洋工程设计研究院党委书记卢霖、江南造船（集团）有限责任公司董事长林鸥、沪东中华造船（集团）有限公司纪委书记胡敬东等领导对这套丛书的编撰出版予以多方支持和鼓励，并明确指示：该丛书的编撰是一项系统工程，要求高、时间紧、工作量大，要发挥科技人员的参与意识和普及"国之重器"科学知识的积极性，努力把丛书编好，使它成为一部向广大青少年和公众读者科学普及舰船知识，弘扬海洋文化，开展国防教育的好丛书。

100多位从事舰船及海洋工程科研、设计、建造的专家和老、中、青三代科技工作者参与了丛书的编写。撰写者大多是肩负科研任务的一线科研工作者，只能利用业余时间进行编写；他们不是专业的科普作者，但要完成从建造者到教育者、从设计员到讲解员的角色转换；学术著作可以精尖高深，科普文章却要浅显易懂，要像对学生上课一样，心口相传，绘声绘色，这对他们而言绝非易事。但面对困难，他们不曾退缩。在大家的心中，参与丛书编撰不仅是对投身舰船科研、设计、建造实践的重塑，更是为了中国造船事业后继有人、薪火相传。从领受编撰任务的那一天起，他们酝酿推敲、遴选谋篇、不辞辛劳、不舍昼夜，把对科学的爱、对祖国的情凝练成书香墨宝。

历经2年，这部丛书终于与读者见面了。丛书的编撰得到众多单位支持，并成立丛书专家委员会，严格遵循资料汇

总、提纲拟制、内容撰写、审查把关、全稿统筹的编纂规律，先后多次召开书稿初审会、复审会和终审会，确保内容准确、权威。

因此，"国之重器——舰船科普丛书"具有以下特点：

一是广泛性。丛书涵盖了当今世界主要舰（船）种，内容包括舰船的诞生、发展历程、关键系统设备和发展前景等，是目前已出版舰船科普丛书中较齐全、较系统的一套科普丛书。

二是原创性。目前市场上有关舰船方面的科普图书屡见不鲜，但引进的多，原创的少，而这套丛书立足于国内舰船研制历程，经过精心策划，历经2年的努力原创而成。

三是权威性。丛书由中国船舶及海洋工程设计研究院、上海市船舶与海洋工程学会和上海交通大学主编，联合江南造船（集团）有限责任公司、沪东中华造船（集团）有限公司、上海外高桥造船有限公司、中国海洋石油集团有限公司等单位，还成立了由曾恒一院士、潘镜芙院士领衔的专家委员会对丛书内容进行专业技术上的把关，保证了此书的科学性和权威性。

四是充满情怀。习近平总书记指出：科技创新、科学普及是实现国家创新发展的两翼，要把科学普及放在与科技创新同等重要的位置。丛书正是基于这一精神向全民，特别是青少年介绍舰船科技知识，弘扬科学精神，传播科学思想和科学方法，激发爱国热情，使全民关心、热爱、支持国防建设和舰船事业的发展，为实现强军梦、强国梦尽一份心力。

五是集体创作。老、中、青100多位科技工作者参加丛书编撰，每分册从提纲到初稿、定稿，均经众人讨论、修改，所以说丛书是集体创作的成果。

丛书编写过程中参考了一些书籍和报刊，引用了一些观点和图片，在此表示诚挚的谢意。

舰船设计大师、两栖战舰研发设计专家毛献群及徐萍研究员对本书进行了审阅和修改。在丛书出版发行之际，向各位专家、全体编撰人员，以及关心、支持丛书编撰出版的有关单位和个人表示崇高的敬意。

对于书中不妥之处，希望广大读者予以指正。

张　毅

2018年8月